全国高等学校"十三五"农林规划教材

生物学实践教学改革系列教材

细胞工程实验

主　编　王爱华　徐丽娟

副主编　彭光霖　王　然　王晓杰　李　玲

编　者　（按姓氏拼音排序）

蔡春梅　董晓颖　樊连梅　盖树鹏

郭宝太　李　玲　彭光霖　乔利仙

隋炯明　孙世孟　王　然　王爱华

王晓杰　徐丽娟　薛仁镐　杨国锋

赵春梅　赵美爱

主　审　王晶珊

高等教育出版社·北京

内容提要

本书是根据高等农林院校生物类相关专业教学要求，在总结相关课程教学经验以及科研实践经验的基础上编写而成。内容包括植物细胞工程篇和动物细胞工程篇两大部分，设置了基础性实验、综合性实验和研究性实验三大类型，共30个实验。本书包含了不同层次水平的实验项目，以满足不同专业、不同学时数的实验教学需求。为了提高实验学习效果，针对一些实验项目添加了彩图、教学视频等数字化资源，大大提高了教材的实用性，读者可登录本书配套数字课程详细查看。

本书适于高等农林院校生物类专业"细胞工程""组织培养"等课程的实验教学使用，也可供相关专业研究生、教师和科研人员参考。

图书在版编目（CIP）数据

细胞工程实验 / 王爱华，徐丽娟主编 . -- 北京：高等教育出版社，2017.9

ISBN 978-7-04-048457-1

Ⅰ. ①细… Ⅱ. ①王… ②徐… Ⅲ. ①细胞工程 - 实验 - 农业院校 - 教材 Ⅳ. ① Q813-33

中国版本图书馆 CIP 数据核字（2017）第 205229 号

Xibao Gongcheng Shiyan

策划编辑 孟 丽	责任编辑 孟 丽	封面设计 张志奇	责任印制 韩 刚		

出版发行	高等教育出版社	网　址	http://www.hep.edu.cn
社　址	北京市西城区德外大街4号		http://www.hep.com.cn
邮政编码	100120	网上订购	http://www.hepmall.com.cn
印　刷	河北省财政厅票证文印中心		http://www.hepmall.com
开　本	850mm×1168mm　1/16		http://www.hepmall.cn
印　张	6.75		
字　数	150 千字	版　次	2017 年 9 月第 1 版
购书热线	010-58581118	印　次	2017 年 9 月第 1 次印刷
咨询电话	400-810-0598	定　价	15.00 元

数字课程（基础版）

细胞工程实验

主编　王爱华　徐丽娟

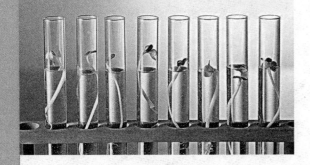

细胞工程实验

　　细胞工程实验数字课程与纸质教材配套使用，是纸质教材的拓展和补充。数字课程内容与纸质教材对应，有28个实验操作的视频、部分实验结果、彩色图片等，以方便广大教师教学和学生学习。

| 用户名： | 密码： | 验证码： | 5360 | 忘记密码？ | 登录 | 注册 |

http://abook.hep.com.cn/48457

扫描二维码，下载 Abook 应用

"细胞工程实验"数字课程编委会

（按姓氏拼音排序）

李　玲　　牛婷婷　　王爱华　　王晶珊

徐丽娟　　袁振宁　　张艳萍　　朱少叶

▶ 前 言

　　细胞工程是现代生物技术的重要组成部分，它是在细胞、组织和器官水平上对生物进行遗传改良、生长发育调控、快速繁殖或进行特殊产物生产的重要技术。21 世纪，随着生物技术的迅猛发展，细胞工程已经成为生物类专业本科生的重要课程之一。

　　细胞工程也是一门实验性很强的学科，目前适用于农林院校细胞工程实验教学的教材较少。编者在多年教学的基础上，结合自身的科学研究经验和成果，吸收本学科领域的最新研究进展编写了本《细胞工程实验》。全书共设计 30 个实验，除基础性实验外，还包括了综合性实验和研究性实验，以培养学生的实验实践能力和创新能力。

　　本书由青岛农业大学和中国农业大学烟台研究院富有教学经验的骨干教师共同编写而成，具体分工如下：前言，实验 5、9、10、12、15、22、23、25 由李玲、孙世孟、樊连梅编写；实验 1、2、3 由徐丽娟、杨国锋编写；实验 4、6、7、11、13、14 由彭光霖、隋炯明、赵春梅编写；实验 8、16、18 由王然编写；实验 17 由董晓颖编写；实验 19、21、26、27、28、29、30 由王爱华、赵美爱、蔡春梅编写；实验 20、24 由王晓杰、郭宝太编写。全书由王晶珊教授主审。其他参编人员还有薛仁镐、樊连梅、盖树鹏、乔利仙。网络信息技术的日益普及，为学生实验技能的培养提供了良好的平台，与本教材配套的数字课程与教材一体化设计，内容包括 28 个教学视频和部分实验结果彩色照片等资源，便于学生在动手操作之前作为预习参考，也可供因受学时限制等原因未开设该实验项目的学生自学。视频脚本的编撰主要由王爱华、徐丽娟、李玲和王晶珊老师完成，由青岛农业大学袁振宁老师担任摄像，朱婷婷、朱少叶担任视频编辑，张艳萍担任视频解说。

　　限于编者对细胞工程实验的认识水平，书中不当之处在所难免，敬请读者和各位同仁予以批评指正。

编者

2017 年 4 月

目　录

第一篇　植物细胞工程

第二篇　动物细胞工程

第一篇 ◀

植物细胞工程

实验 1
培养基母液的配制

一、实验目的
通过对 MS 培养基母液的配制，学习掌握培养基母液的配制方法。

二、实验原理
在配制培养基时，为了取用方便和用量准确，往往先把各组分按其用量配成扩大一定倍数的浓缩液，即母液，贮存备用，用时稀释。配制母液时，一般按药品的种类和性质分别配制，单独保存或几种混合保存。例如，把所有大量元素一起配成大量元素母液，同理配成微量元素母液，以及植物激素母液等。母液扩大的倍数主要取决于用量的多少，用量大的扩大的倍数宜低，反之则高，但要注意过高浓度和不恰当的混合会引起沉淀，影响培养效果。

三、实验用品
1. 主要仪器和试剂

电子天平（1/1 000、1/10 000）、磁力加热搅拌器、冰箱、烧杯（100 mL）、量筒（100 mL）、容量瓶（100 mL）、试剂瓶（100 mL）、药匙、称量纸、标签等。

2. 培养基

药品按培养基配方准备（表 1–1），激素按需要准备。

𝒆 视频 1–1
电子天平的使用方法

成分	培养基配方 用量 /（mg·L⁻¹）	每升母液 用量 /mg	母液扩大 倍数	每升培养基 用量 /mL
大量元素（母液Ⅰ）			10	100
KNO₃	1 900	19 000		
NH₄NO₃	1 650	16 500		
MgSO₄·7H₂O	370	3 700		
KH₂PO₄	170	1 700		
CaCl₂·2H₂O	440	4 400		
微量元素（母液Ⅱ）			100	10
MnSO₄·4H₂O	22.3	2 230		
ZnSO₄·7H₂O	8.6	860		

· 表 1–1 MS 培养基母液的配制

续表

成分	培养基配方 用量 /（mg·L⁻¹）	每升母液 用量 /mg	母液扩大 倍数	每升培养基 用量 /mL
H_3BO_3	6.2	620		
KI	0.83	83		
$Na_2MoO_4 \cdot 2H_2O$	0.25	25		
$CuSO_4 \cdot 5H_2O$	0.025	2.5		
$CoCl_2 \cdot 6H_2O$	0.025	2.5		
有机成分（母液Ⅲ）			100	10
甘氨酸	2	200		
盐酸硫氨素	0.4	40		
盐酸吡哆素	0.5	50		
烟酸	0.5	50		
肌醇	100	10 000		
铁盐（母液Ⅳ）			100	10
$FeSO_4 \cdot 7H_2O$	27.85	2 785		
$Na_2\text{-EDTA} \cdot 2H_2O$	37.25	3 725		

四、实验步骤

1. MS 大量元素母液的配制

因大量元素用量大，为避免过高浓度的混合液会发生沉淀，一般配成 10 倍的母液。根据所选 MS 培养基配方，按大量元素在表 1–1 中排列顺序，按其 10 倍用量，用 1/1 000 天平逐个称出，依次加入盛有 2/3 量蒸馏水的烧杯中，于磁力搅拌器上搅拌。注意每种试剂溶解后，再加下一种。原则上应把带 Ca^{2+} 溶液与带 SO_4^{2-}、PO_4^{3-}、Mg^{2+} 溶液分开，以免产生沉淀，最后加蒸馏水，用容量瓶定容至刻度，此即 MS 大量元素母液。装入试剂瓶，贴上标签，注明名称、扩大倍数、配制日期，置入 4℃冰箱中保存。配培养基时，每配 1 000 mL 培养基，母液用量为 100 mL。

2. MS 微量元素母液的配制

微量元素因用量小，为称量方便及精确，常配成 100 倍或 1 000 倍的母液，即将每一种微量元素化合物的量扩大 100 倍或 1 000 倍，分别称量、溶解、定容、保存，方法同上。配制 1 000 mL 培养基，取母液 10 mL 或 1 mL。

3. MS 铁盐母液的配制

目前常用的铁盐为 $FeSO_4 \cdot 7H_2O$ 和 $Na_2\text{-EDTA}$ 的螯合物。这种螯合物比较稳定，不易沉淀，但必须单独配制。常配成 100 倍的母液。按 100 倍量称取 $FeSO_4 \cdot 7H_2O$ 和 $Na_2\text{-EDTA}$，加入盛有 2/3 量蒸馏水的烧杯中，在 90℃水浴锅中加热，直至颜色呈黄色并变深，使其充分螯合。冷却后定容，装入棕色试剂瓶，贴上标签，注明名称、扩大倍

视频 1-2
MS 大量元素母液
的配制

视频 1-3
铁盐母液的配制

数、配制日期。注意铁盐母液配制后，若立即存放冰箱中，会有结晶析出，因此须在常温下放置一段时间，使其充分反应，再置入 4℃冰箱中保存。每配制 1 000 mL 培养基，取 10 mL 母液。

❷ 彩图 1-1
铁盐母液

4. MS 有机化合物母液的配制

主要指将维生素及氨基酸类物质配成 100 倍母液。按 100 倍量分别称量、定容、保存，方法同上。配 1 000 mL 培养基，取母液 10 mL。

5. 植物激素母液的配制

各种激素分别用 1/10 000 的电子天平称量，容量瓶定容，通常配成 1 mg/mL 或 0.1 mg/mL 浓度的单一母液。配制培养基时，根据不同的配方要求分别加入所需的量。最常用的植物激素有：

（1）生长素　如 2,4- 二氯苯氧乙酸（2,4-D）、萘乙酸（NAA）、吲哚乙酸（IAA）、吲哚丁酸（IBA）等。配制时，先按要求称取用量，置于 100 mL 小烧杯中，慢慢滴加少许 0.1 mol/L 的 NaOH 溶液，并不断搅拌，直至溶解，再用蒸馏水定容至所需浓度，高压灭菌。

❷ 视频 1-4
萘乙酸母液的
配制

（2）细胞分裂素　如玉米素（ZT）、6- 苄氨基嘌呤（BAP）、激动素（KT）、异戊烯基腺嘌呤（2-iP）。配制时，先按要求称取用量，置于 100 mL 小烧杯中，慢慢滴加少许 0.1 mol/L 的 HCl 溶液，并不断搅拌，直至溶解，再用蒸馏水定容至所需浓度，高压灭菌。

（3）赤霉素类　赤霉素（GA_3）配制时先滴加少量 95% 乙醇溶解，再加蒸馏水定容至所需浓度，因赤霉素加热易分解，需过滤灭菌。

（4）脱落酸　脱落酸（ABA）配制时先滴加少量 95% 乙醇溶解，再加蒸馏水定容至所需浓度，因脱落酸加热易分解，需过滤灭菌。

将以上各种激素母液分别装入棕色试剂瓶中，贴好标签，注明母液名称、倍数（或浓度）、日期，放入 4℃冰箱中保存。

各种母液在冰箱中通常可保存几周，如出现浑浊或沉淀以及微生物污染，则不宜再用。

五、注意事项

1. 称量要精确。

2. 配制母液时要注意药品溶解的先后顺序，以免发生化学反应，以使其产生沉淀。

3. 脱落酸配制时，由于光照射下（尤其是紫外线）2- 顺式脱落酸易转变为 2- 反式脱落酸，从而降低生理活性，所以配制时最好在弱光下进行。

六、思考与记录

1. 在母液的配制、贮存及使用中应注意哪些问题？

2. 根据下表中各母液的倍数（或含量），计算配制不同体积的 MS+NAA 0.2 mg/L+BAP 2 mg/L 培养基所需吸取母液的量，并将结果填入下表。

试剂名称	母液倍数 （或浓度）	配制 1 000 mL 培养基所需量 /mL	配制 500 mL 培养基所需量 /mL	配制 200 mL 培养基所需量 /mL
MS 大量元素母液	10 ×			
MS 微量元素母液	100 ×			
MS 铁盐母液	50 ×			
MS 有机成分母液	100 ×			
NAA 母液	1 mg/mL			
BAP 母液	1 mg/mL			

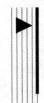

实验 2
培养基的配制与灭菌

一、实验目的
以 MS 培养基为例，熟悉培养基配制与灭菌的操作方法。

二、实验原理
培养基含有植物细胞或组织生长所需要的各种营养物质，同时也是细菌和真菌等微生物滋生繁殖的好场所。微生物在培养基中往往比植物细胞生长更为迅速，并且产生毒素，可致植物细胞死亡。因此，培养基配制好后需及时灭菌，以保证实验的顺利进行。

三、实验用品
1. 主要仪器和试剂
托盘天平、磁力加热搅拌器、酸度计或 pH 试纸（5.0～7.0）、高压蒸汽灭菌锅、烧杯（1 000、500 mL）、量筒（1 000、500、100 mL）、移液枪或移液管（10、1、0.1 mL）、吸耳球、药匙、称量纸、培养瓶或 100 mL 三角瓶、封口膜。蔗糖、琼脂、活性炭、0.1 mol/L NaOH、1 mol/L NaOH、0.1 mol/L HCl 等。

ⓔ视频 2-1
酸度计的使用方法

ⓔ视频 2-2
移液枪的使用方法

2. 培养基
MS 培养基母液，实验所需各种激素母液。

四、实验步骤
（一）培养基的配制
每组按照后期实验内容需求，分别配制各种类型的培养基各 500 mL，MS 固体培养基，MS 添加激素的各种培养基。

1. MS 固体培养基的配制
（1）用实验 1 配制的母液，计算好各种母液的用量。取 500 mL 烧杯一只，加入约 300 mL 蒸馏水，置磁力加热搅拌器上，然后用不同规格的移液枪或移液管依次加入大量元素、微量元素、铁盐、有机物母液，充分搅匀。

ⓔ视频 2-3
MS 培养基的配制

（2）用托盘天平称取 15 g 蔗糖，加入烧杯中，搅拌溶解后，定容至 500 mL。

（3）用 0.1 mol/L、1 mol/L NaOH 和 0.1 mol/L HCl 调 pH 至 5.8。

（4）加入 4 g 琼脂粉，微波炉溶化。

注意：琼脂溶化一定要彻底，否则分装后培养基软硬不匀。

（5）分装　培养基做好后应立即分装，以免冷却凝固。每瓶分装的培养基约占瓶容量的 1/4 为宜。

（6）封口　用瓶盖或封口膜等封口。培养基分装后要立即封口，以免水分蒸发和污染，然后贴上标签，注明培养基种类、配制日期。

注意：分装时不要把培养基粘到瓶壁或瓶口上，以免造成污染。

2. MS 添加激素的各种培养基的配制

在完成 MS 培养基配制的第一步后，再按所需激素种类和用量，用移液枪或移液管分别吸取各种激素母液，加入烧杯充分混匀（根据实验需要，个别培养基还需添加活性炭等其他成分），其他步骤同上。贴上标签，注明培养基种类、配制时间。

注意：对于遇热不稳定的激素，要过滤灭菌，再添加到已灭菌的培养基中，充分摇匀后分装。

（二）培养基的灭菌

1. 高压蒸汽灭菌

培养基及器具等适合用高压蒸汽灭菌。以手提式高压蒸汽灭菌锅为例，具体操作如下：

（1）打开灭菌锅盖，向外层锅内加水至与锅炉底的支架平齐。

（2）将待灭菌的培养基、蒸馏水及其他需灭菌的物品（器具用纸包装）放入灭菌锅的铝桶内，最好装完后在上面放几层牛皮纸或纱布、毛巾等，防止水蒸气从锅顶冷凝滴下打湿器皿包装纸。然后盖好锅盖，并将盖上的排气软管插入桶壁的槽内，按相对方向拧紧螺丝，使锅密闭，接通电源。

（3）先关闭放气阀加热，待压力上升到 0.05 MPa 时，打开放气阀，排净锅内冷空气，待压力表指针恢复到零位后，再关闭放气阀，如此反复排气 2 次。关闭阀门加热，待压力上升到 0.1 MPa（温度为 121℃）时开始计时，用通电、断电来保持该压力20 min，即达到灭菌目的。

（4）切断热源，并缓慢放出水蒸气，待压力降至零时，才能打开锅盖，取出灭菌物品。培养瓶盖因加热松动，要再次扭紧。若培养基中添加了活性炭等易沉淀物质，需待冷却片刻后，轻摇培养基，使其混匀，再冷凝。

2. 干热灭菌

适用于培养皿、试管、移液管等玻璃器皿及各种用具的灭菌。

（1）首先把玻璃器皿或用具洗涤干净，蒸馏水冲洗，装入金属灭菌筒或盒内，金属筒盖上的气孔应与筒体的气孔对齐，以利排气，置入烘箱中，接通电源，开始加热。

（2）当温度达到 160℃ 开始计时，通常采用 160~180℃ 持续加热 90 min 来灭菌。灭菌完毕，待冷却后取出，并将排气孔错开封闭，备用。

3. 过滤灭菌

适用于高温高压下不稳定的植物生长调节物质、维生素、抗生素、酶溶液等的灭菌。具体操作如下：

（1）选择孔径在 0.25 μm 以下的滤膜，放于过滤器中，用铝箔纸包好，注射器（溶液量大用抽滤器）、三角瓶等也用铝箔或包装纸包好，高压蒸汽灭菌 20 min。

（2）在超净工作台上，按无菌操作要求，打开包装，将待过滤溶液吸入注射器中，

视频 2-4
高压灭菌锅的使用方法

视频 2-5
过滤灭菌操作

注射器头上安装已高压灭菌的过滤器。挤压注射器，使溶液经过过滤器滤膜，杂菌等留在滤膜之上，滤液滴入灭菌的三角瓶中，封口保存。

过滤灭菌的激素在配制培养基时添加，先将培养基放于烧杯中高压灭菌，烧杯中放一转子。在培养基凝固前（40~50℃），将激素按需要量加入到已灭菌的培养基中，磁力搅拌器搅匀，分装，封口。以上过滤灭菌操作需在超净工作台内进行。

ⓔ视频 2-6
添加高温分解成
分培养基的配制

五、注意事项

1. 高压蒸汽灭菌注意事项

（1）锅内冷空气必须排尽，否则压力表指针虽达到一定压力，但由于锅内冷空气的存在并未达到应有的温度而影响灭菌效果。

（2）由于容器的体积不同，瓶壁的厚度不同，所以灭菌的时间应适当调整，对高压灭菌后不会变质的物品，如无菌水、栽培介质、接种用具等可延长灭菌时间或提高灭菌压力；而对培养基灭菌既要保证灭菌彻底，又要防止培养基中成分变质或效力降低，因此必须严格遵守时间。随容器大小而变化的培养基灭菌时间可参考表 2-1，但还要考虑锅内总物品的多少。如果容器大，但数量很少，仍可减少时间。

（3）三角瓶中的液体不应超过总体积的 70%，否则容易膨胀溢出。

（4）在切断热源，放气时应注意，不要使压力降低太快，否则会引起激烈的减压沸腾，使容器中的液体溢出，培养基玷污瓶塞、瓶口等造成污染。一定注意，待气压降至零时才能开盖，否则危险。

（5）开盖后应尽快转移培养瓶，使培养瓶冷却、凝固，最好储藏于 4~10℃的条件下。

2. 干热灭菌注意事项

烘箱内一次不应放置物品过多，以防热气循环不良或穿透慢，影响灭菌效果。灭菌后需等烘箱降温后再取出物品，过早打开会造成玻璃器皿炸裂，同时外部冷气进入箱内，可能会造成污染。

容器的体积 /mL	在 121℃下灭菌所需要的最少时间 /min
20~50	15
75~150	20
250~500	25
1 000	30
1 500	35
2 000	40

·**表 2-1**　培养基高压蒸汽灭菌所需要的最少时间（Biondi 和 Thorp，1981）

六、思考题

使用高压蒸汽灭菌锅应注意哪些问题？

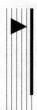

实验 3
培养材料的消毒与无菌操作

一、实验目的

培养材料的消毒与无菌操作是组织培养中一个很重要的环节。通过实验,初步掌握材料消毒、接种的方法和技术。

二、实验原理

初次接种的材料,表面都带有各种微生物,必须在接种前对其进行消毒。消毒的基本原则是既要把材料表面附着的微生物杀死,又不伤害材料内部的组织、细胞。因此,消毒所采用药剂的种类、浓度、处理时间的长短,均应根据材料的种类、组织的老嫩、茸毛的有无及材料对药剂的敏感性来确定。

三、实验用品

1. 实验材料

作物、果树、蔬菜、花卉等植物的茎尖,带腋芽的嫩茎及嫩叶、种子等。

2. 主要仪器和试剂

超净工作台、镊子、手术刀、剪刀、酒精灯、棉球、火柴、烧杯、废液缸、培养皿(无菌)、无菌滤纸、解剖镜。0.1% 氯化汞(又称升汞)(或 2% 次氯酸钠)、70% 乙醇、无菌水等。

3. 培养基

根据不同植物器官组织材料选用基本培养基,并根据需求添加不同种类浓度和配比的植物激素。

四、实验步骤

(一)接种前的准备

1. 培养基的准备

按培养材料的要求,选取实验 2 配制的各种培养基,待用。

2. 超净工作台的准备

(1)在超净工作台上摆好酒精灯、70% 乙醇棉球瓶、无菌培养皿、无菌滤纸、镊子、手术刀、火柴、0.1% 氯化汞(或 2% 次氯酸钠)、70% 乙醇、无菌水、培养基等。

(2)无菌室(包括缓冲间)紫外灯灭菌 15 ~ 20 min。超净工作台开机过滤空气并开紫外灯 15 ~ 20 min,然后关掉紫外灯,用 70% 乙醇喷雾降尘。

🅔 视频 3-1
超净工作台的使用方法

3. 培养材料的准备

从田间或温室选取生长旺盛无病虫害的顶芽、幼嫩叶片和嫩茎段（去掉老叶，剪成合适的长度），放入烧杯中；自来水反复漂洗干净（可适当加几滴洗涤剂漂洗），备用。

（二）培养材料的消毒

1. 操作前先用肥皂洗手，再用 70% 乙醇棉球将手（特别是指尖）、手臂、工作台面及放入台面上的所有操作用具、器皿等擦一遍，以清除尘粒。点燃酒精灯，把操作用的器械（镊子、手术刀等）放在酒精灯上灼烧灭菌，之后放在支架上冷却待用。

💿 视频 3-2
培养材料的消毒

2. 将材料先倒入 70% 乙醇浸泡，摇动几下，10～20 s 后立即倒出乙醇，加无菌水漂洗，然后倒入 0.1% 氯化汞（或 2% 次氯酸钠）进行表面消毒，时间的长短视材料而定，一般是 5～12 min 或更长（常用消毒剂及消毒时间见表 3-1）。药剂浸泡过程中应不断摇动，然后用无菌水冲洗 3～5 遍，备用。

3. 对于果树或木本花卉未萌动或刚刚萌动的芽，一般可进行两次灭菌。即在上述过程完成后，进行鳞片及幼叶剥离，然后再进行第二次消毒，此次消毒时间宜短，用无菌水冲洗 3～5 遍后剥取茎尖接种。

消毒剂	使用质量分数 /%	去除难易	消毒时间 /min	消毒效果	是否毒害植物
次氯酸钙	9～10	易	5～30	很好	低毒
次氯酸钠	2	易	5～30	很好	无
过氧化氢	10～12	最易	5～15	好	无
硝酸银	1	较难	5～30	好	低毒
氯化汞	0.1～1	较难	2～10	最好	剧毒
乙醇	70～75	易	0.2～2	好	有
抗生素	4～50（mg/L）	中	30～60	较好	低毒

· 表 3-1　常用消毒剂及消毒时间

（三）无菌接种

经消毒后的材料，必须在无菌条件下接种到培养基中，进行无菌培养。具体操作如下：

💿 视频 3-3
无菌接种操作

1. 培养基按成分不同分类摆放在工作台边上，注意不要挡住无菌风。

2. 轻轻打开瓶盖，将瓶口迅速在酒精灯火焰上方转动一圈灼烧灭菌，然后放在工作台上。

3. 用镊子取出待接种材料置于垫有无菌滤纸的培养皿内，进行材料的剥离和切割。

（1）茎段　一般切成带一个芽（芽最好位于中央）的茎段，两端切掉被消毒剂杀伤的切口，接种到所选培养基上，腋芽要露在培养基之上，且不要倒置。每瓶接种 3～4 个茎段。再将瓶口和瓶盖在火焰上方迅速旋转灼烧灭菌，盖紧瓶盖或封口膜，注明名称、接种日期。

（2）幼叶　用刀切去叶缘、叶脉，将叶片切成约 5 mm × 5 mm 的小块，接种到所选培养基上，每瓶接种 10～12 块。瓶口和瓶盖灼烧灭菌后盖紧，注明名称、接种日期。

（3）茎尖 在解剖镜下，剥取直径为 0.2 ~ 0.5 mm 带有 1 ~ 2 个叶原基的茎尖分生组织，置所选培养基表面进行培养，每瓶放置 3 ~ 4 个。封口，注明名称、接种日期。

注意：为了防止交叉感染，工具要用一次即灼烧灭菌一次，滤纸和培养皿也要及时更换。操作人员手指也要经常用 70% 乙醇棉球擦拭。在接种过程中严禁讲话、咳嗽和走动。

4. 无菌操作完成后，关闭工作台电源，把材料转入光照培养室进行培养，废液倒入回收桶处理，工作台清理干净，关上风挡玻璃。

（四）培养条件与培养室消毒

1. 培养条件 在植物组织培养中，培养室温度通常控制在（25 ± 2）℃，每日光照 12 ~ 16 h，光照强度 1 000 ~ 5 000 lx，相对湿度 70% ~ 80%。

2. 培养室消毒可用紫外灯杀菌，每次杀菌 30 min。紫外灯使用久了杀菌效果会降低，要相对延长杀菌时间。到了使用期限要及时更换，否则影响杀菌效果。

也可用甲醛氧化浓氨法熏蒸培养室。即一次投以足量的甲醛及氧化剂（高锰酸钾），通过氧化作用，迅速放出高浓度的甲醛气体杀灭微生物。在熏蒸时间达 4 h 后，利用浓氨气体与氧化反应剩余的甲醛分子发生化学反应，生成无毒、无刺激性的甲胺，以减少有毒气体的伤害。

此法操作简便，杀菌效果极好，但在使用时，应准确掌握用量。甲醛用量为 320 mL/m^3，一次熏蒸时间不少于 4 h，浓氨水用量与甲醛的比例为 1 : 4，加入浓氨水后熏蒸 30 min。

（五）污染材料的处理

实验中培养材料经常有污染现象的发生，一般为细菌污染和真菌污染两种，细菌成黏液状，真菌有菌丝，其中真菌危害极大。

污染材料应及时清除，可以先将污染材料放入高压灭菌锅灭菌，然后弃掉。

五、注意事项

氯化汞（$HgCl_2$）为剧毒药品，使用时注意避免溅到皮肤上，使用后要倒入回收桶内进行处理，不能直接倒入下水道。氯化汞处理方法如下：

$HgCl_2 + Na_2S \rightarrow HgS$ 絮状沉淀（至絮状沉淀不再产生为止）；

$Na_2S + FeSO_4 \rightarrow FeS + Na_2SO_4$（中和过多的 Na_2S）。

六、思考与记录

填写下列调查表。

视频 3-4 培养室的消毒

视频 3-5 污染材料的处理

彩图 3-1 细菌污染

彩图 3-2 真菌污染

视频 3-6 氯化汞废弃液的处理

接种污染情况调查表

调查日期　　年　　月　　日

材料名称	接种日期	接种数量 / 瓶	污染数量 / 瓶	污染率 /%	污染菌种类型

实验 4
试管苗的驯化移栽

一、实验目的

了解试管苗的生长环境和特性，掌握试管苗驯化炼苗移栽的方法、炼苗基质的配备和炼苗期间的管理技术。

二、实验原理

试管苗的获得和生根，只完成了组培工作的一部分。驯化炼苗是试管苗与大田生产苗的重要衔接，试管苗从瓶内到瓶外，由恒温、高湿、弱光、无菌的生活环境转换到变温、变湿、有菌的生活环境，变化十分剧烈，而且试管苗植株幼嫩，表皮角质层薄，抵抗力弱。因此，在移栽大田前先要驯化炼苗，炼苗初期空气应保持一定温度、湿度，炼苗基质要肥沃、通气、湿润，炼苗成活率直接影响到前期工作的成本和后期大田的定植。

三、实验用品

1. 实验材料

试管苗。

2. 主要仪器和试剂

草炭土、珍珠岩、蛭石、沙壤土、营养钵、炼苗盘、温室、塑料大棚等。

四、实验步骤

1. 炼苗基质的配备

不同的植物需要不同的炼苗基质。要求炼苗基质肥沃通透性好，利于透水和根系的生长，这是提高炼苗成活率的基本条件。调配基质时要用 500~800 倍多菌灵或甲基托布津等杀菌剂喷雾消毒（实验室少量基质可用高压锅灭菌），用雾状水拌匀基质，基质湿度以 60% 左右为宜，即手握成团，落地散开，不要湿度过大，以免小苗出现烂根、烂茎等现象，基质拌匀装钵后备用，存放时间不要超过半天。

一般植物使用草炭土、珍珠岩、蛭石、沙壤土，经消毒灭菌后，按一定的比例混合，不同的季节稍有变动。一般植物常用的基质配比：①草炭土：珍珠岩：蛭石 =3：1：1。②草炭土：珍珠岩 =2：1（夏季炼苗用，因蛭石容易保水提温）。③草炭土：沙壤土 =1：1。兰花类可选用海苔草作为炼苗基质。

2. 试管苗驯化移栽

当植株在生根培养基中长成 4~5 cm，根长 3~4 cm 时便可驯化移栽。首先打开培养瓶口 1/4 ~ 1/3，第二天打开 1/2，第三天全部打开，逐渐驯化。若开始揭瓶口太大，叶片易干枯；揭口太小，影响瓶内外气体交换。

一般驯化 3 ~ 5 d 后进行移栽。清洗试管苗前 5 min 将瓶内倒入少许水，软化培养基。将小苗轻轻取出，用自来水清洗干净根部培养基后，移栽于备好的营养钵中。栽苗深度应适宜，下不露根，上不埋苗心。营养钵摆放在炼苗盘中，放在温室或大棚炼苗池中，喷水湿润（图 4-1）。

Ⓔ 彩图 4-1
试管苗移栽

图 4-1 试管苗移栽

A ~ D. 对驯化后的植株进行移栽；E ~ F. 温室或大棚炼苗池

3. 炼苗设施与管理

严格控制炼苗初期的温湿度，炼苗初期（3 ~ 5 d）要求气温昼夜温度在 15 ~ 30℃。温暖季节，加盖 70% ~ 90% 的遮阴网，特别是中午，打开通风口，通风口架设防虫网。必要时可对遮阴网、棚膜喷凉水，降低内部温度，以免引起小苗灼伤、腐烂。叶面酌情喷水，保持空气湿度。5 ~ 7 d 后，小苗始发新根，酌情浇水，喷洒营养液、多菌灵等。20 ~ 25 d 小苗成活，即可定植。

秋季炼苗，备有保温被或保温草帘，酌情增加增温设施，如红外灯既可增温又可增光。

冬季室内炼苗，宜搭建多层培养架，充分利用空间，架面铺垫塑料布，防止浇水时漫流，架顶布设日光灯，增加光照，光照强度 2 000~3 000 lx，适当延长光照时间，可弥补室内光照不足（图 4-2）。

图 4-2 试管苗冬季炼苗设施

五、注意事项

1. 珍珠岩必须用水冲洗，以降低 pH，因其相对密度较轻，粉尘污染严重，可在袋内用水淋洗。

2. 清洗试管苗根部培养基时，顺着根毛生长的方向清洗，不要揉洗，用手指捏洗，清洗要彻底。

3. 冬季室内炼苗的管理，将苗整齐摆放在架面塑料布上，用喷头均匀喷水湿润基质，不要将水溅到灯管上，或喷水时关闭灯管电源。

4. 保证炼苗成活率的基本条件：首先要培育出健壮的生根苗；其二具备适宜的炼苗基质和能控光、控温、控湿等完善的炼苗设施；其三是炼苗期管理技术，这是保证成活率的关键技术。

六、思考题

1. 试管苗为什么不能直接移栽大田？

2. 保证炼苗成活率的基本条件是什么？

实验 5
甘薯茎尖的剥取与培养

一、实验目的

通过实际操作，掌握植物茎尖培养脱毒的原理及茎尖剥取、接种、培养等技术。

二、实验原理

多数栽培植物，尤其是无性繁殖植物，都易受到一种或几种，甚至几十种病毒的侵染。并且随着栽培时间的推移，侵染病毒的种类越来越多。受病毒侵染的植物生长缓慢、畸形、产量大幅度下降，品质变劣，甚至完全丧失商品价值，病毒带来极大的危害，目前没有特效药物能防治病毒病。种子一般不带病毒，种子繁殖植物可以得到无病毒植株。但对于无性繁殖植物，必须采用一种有效的方法脱除病毒，恢复高产、优质特性。研究表明，病毒在根上和茎上的分布是不均匀的，离根尖和茎尖越近，病毒的密度越低；反之越高；即病毒在植物体内的分布是不均匀的，分生组织一般无病毒侵染；分生组织之所以能避开病毒侵染，可能有四个方面原因：①在植物体中，病毒的移动主要靠两条途径，一是通过维管系统，而分生组织中尚未形成维管系统（图 5-1）；二是通过胞间连丝，但这条途径病毒移动速度非常缓慢，难以追赶上活跃生长的茎尖和根尖；②在旺盛分裂的分生组织中，代谢活动很高，使病毒无法进行复制；③在茎尖中存在高水平内源激素，可以抑制病毒的增殖；④在植物体内存在有一种"病毒钝化系统"，它在分生组织中的活性应最高，因而使分生组织不受侵染。以上是四种可能原因，无论哪

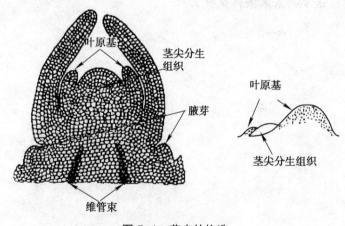

图 5-1 茎尖的构造

种说法正确，事实是分生组织一般不带病毒。因此，利用这一原理可进行茎尖培养，培育无病毒苗。此外，由于茎尖分生组织再分化能力强，也可用于离体快速繁殖。

茎尖培养再生植株途径可通过向培养基中添加不同激素来调控器官发生或胚胎发生。一般在添加适宜较高浓度2,4-D的培养基上可诱导形成胚性愈伤组织和体细胞胚；在添加适宜浓度生长素（如NAA）和细胞分裂素（如BAP）的培养基上，可诱导形成愈伤组织，进一步分化不定芽，或不经过愈伤组织直接形成丛生芽。

本实验材料甘薯为块根植物，极易生根，因此无须进行生根培养。

三、实验用品

1. 实验材料

甘薯茎蔓。

2. 主要仪器和试剂

超净工作台、解剖镜、镊子、解剖针、手术刀、剪刀、酒精灯、棉球、烧杯、火柴（或打火机）、培养皿（无菌）。0.1%氯化汞、70%乙醇、无菌水等。

3. 培养基

（1）初始培养基　器官发生途径MS + 0.2 mg/L NAA + 2.0 mg/L BAP；胚胎发生途径MS + 2,4-D（0.2～2.0 mg/L）。

（2）继代及生根培养基　MS基本培养基。

以上培养基均添加3%蔗糖和0.8%琼脂，pH 5.8。

四、实验步骤

1. 取材

薯块育苗，促使其旺盛生长，当出芽后，取5 cm左右蔓顶作为实验材料。

2. 材料的消毒

将茎蔓上的展开叶片去掉，用自来水冲洗干净后，在超净工作台内进行表面杀菌（方法同实验3）。

3. 茎尖剥取与接种

在超净工作台内将材料表面杀菌后，置于经高压灭菌的培养皿上，在解剖镜下用解剖针或刀片层层剥去外面的幼叶和叶原基，剥离至分生组织暴露出来，带1～2个叶原基，然后从基部切下，随即接种到培养基上，封口（图5-2）。分生组织为透明半圆形。

4. 初始培养

茎尖初始培养基因植株再生途径不同而不同。将茎尖置于器官诱导或体胚诱导培养

❸视频5-1
茎尖生长点的剥取

❸视频5-2
解剖镜的使用方法

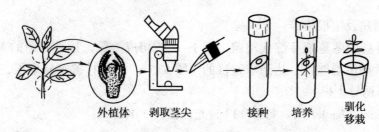

外植体　　剥取茎尖　　　　接种　培养　　驯化移栽

图5-2　茎尖培养生产脱毒苗的流程

基上，培养 5~7 周后，可分别形成不定芽或体细胞胚（图 5-3、图 5-4）。不定芽转移到 MS 基本培养基上，茎伸长并长出根成完整植株，体细胞胚转移到 MS 基本培养基上后萌发长出茎叶和胚根，最终长成完整植株。

ⓔ 彩图 5-1
甘薯茎尖培养胚胎发生途径的植株再生

图 5-3　甘薯茎尖培养胚胎发生途径的植株再生
A、B. 诱导形成的胚性愈伤组织（箭头所示）；C. 体细胞胚；D. 体细胞胚萌发；
E. 再生的完整植株；F. 再生植株形成花蕊

5. 大量增殖及生根培养

试管苗可利用茎蔓腋芽继代增殖，每 1~2 节切成一段，接种到新的 MS 基本培养基上，长大后再切割继代，达到增殖目的（图 5-5）。由于甘薯容易生根，无须用添加激素的培养基诱导生根。

培养条件：（27±1）℃，每日 13 h，光照强度 3 000 lx。

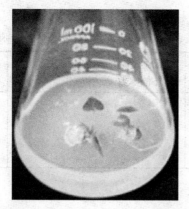

ℯ 彩图 5-2
甘薯茎尖培养不
定芽形成

图 5-4 甘薯茎尖培养不定芽形成

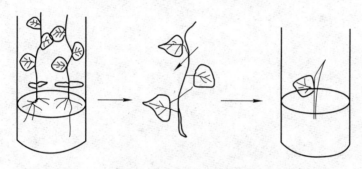

图 5-5 蔓性植物的茎蔓腋芽继代增殖示意图

6. 驯化移栽

移栽之前，逐步打开瓶盖，使试管苗逐渐适应外界干燥的环境，炼苗 3~4 d 即可移栽。将小苗从瓶中取出，洗净根部培养基，注意尽量避免损伤茎叶和根。移栽基质选用不灭菌的沙子。移栽后 1 周内保持较高的空气相对湿度（80%~90%）。有条件可在驯化室内进行，没有驯化室可盖上塑料纸保持湿度。驯化移栽方法参照实验 4。

五、注意事项

1. 茎尖剥取要用锋利的刀片。

2. 切取茎尖的大小与培养成活率和脱毒效果有直接关系。茎尖越大，成活率越高，未脱除病毒的可能性也越大。病毒及寄主不同，病毒侵染茎尖的程度不同，而一种植物往往带有多种病毒，为了脱除各种病毒，在保证成活的情况下，茎尖尽量取小为好，分生组织带 1~2 个叶原基，从基部切下，避免带有分生组织附近的其他组织。

六、思考与记录

1. 脱毒苗与无菌苗有何区别？

2. 影响茎尖培养的因素有哪些？

3. 填写下列调查表。

不定芽或体细胞胚形成调查表

观察日期　　　年　　月　　日

培养基	接种茎尖外植体数	形成不定芽的外植体数	形成芽数	形成体胚的外植体数	形成体胚数

实验 6
草莓茎尖培养与脱毒苗生产

一、实验目的

了解草莓的生长特性，通过具体操作，掌握草莓茎尖的剥取、培养、快繁、生根、炼苗等技术。

二、实验原理

在草莓生产过程中，为了防止性状分离，多采用母株匍匐茎繁殖，在生长繁殖过程中会受到几种甚至几十种病毒的侵害。无性繁殖的过程，也是病毒积累延续和加重的过程，病毒会导致优良品种种性退化，果实品质降低。目前去除或减轻病毒危害的主要方法是通过茎尖脱毒培养，获得脱毒种苗，恢复草莓原有的高产优质特性。

茎尖培养脱毒苗的过程：蔓芽摘取→消毒→剥取茎尖→组织培养→愈伤组织→丛生芽→生根→驯化炼苗→原种苗。

三、实验用品

1. 实验材料

草莓茎蔓。

2. 主要仪器和试剂

超净工作台、解剖镜、镊子、手术刀、剪刀、酒精灯、棉球、广口瓶、无菌培养皿、无菌烧杯 2～3 个、小喷壶。0.1% 氯化汞、75% 乙醇、无菌水 300～500 mL 等。

3. 培养基

（1）初代培养基　MS + 0.2 mg/L NAA + 2.0 mg/L BAP。

（2）继代培养基　MS + 0.1 mg/L NAA + 1.0 mg/L BAP。

（3）生根培养基　MS + 0.1～0.2 mg/L NAA。

以上培养基均添加 3% 蔗糖和 0.7% 琼脂，pH 5.8。

四、实验步骤

1. 取材

选取优良品种，剪取生长旺盛的草莓茎蔓顶作为实验材料。

2. 材料的消毒

取 3～5 cm 草莓茎蔓顶，用水冲洗干净，置于少许洗洁精的水中浸泡 30 s 后，在流水下冲洗干净，然后在超净工作台内进行表面杀菌。由于草莓茎叶表面绒毛较多，在消毒剂中滴加 2～3 滴 Tween-80 或洗洁精。材料消毒方法参照实验 3。

3. 茎尖剥取、接种及初代培养

在超净工作台内，将消毒的草莓茎蔓顶置于无菌培养皿上，在解剖镜下用刀片层层剥去外面的幼叶和叶原基，剥离至分生组织暴露出来，带 1~2 个叶原基。然后从基部切下（0.2~0.5 mm），立即接种到初代培养基上，封口，放于培养室内进行培养。

4. 继代培养

初代培养基上培养 7~8 周后，将形成的不定芽或丛生芽转移到继代培养基上培养。将丛生芽分割，继续接种到继代培养基上培养，如此进行继代，达到快速繁殖的目的。

5. 生根培养

组培苗长到 5 cm 左右时，从基部切下，接种到生根培养基上诱导生根。

培养条件均为：温度（25±1）℃，每日光照时间 13~14 h，光照强度为 2 000~3 000 lx。

6. 驯化移栽

移栽基质用草炭土∶珍珠岩＝2∶1；炼苗成活后移植于苗圃，促发匍匐茎，在匍匐茎大量发出期间，人工引压匍匐茎，使其向各方向均匀分布，使早抽生的匍匐茎早扎根，减轻母株营养消耗，形成匍匐茎苗。驯化移栽方法参照实验 4。

五、思考与记录

1. 草莓第几代种苗作为生产用苗？
2. 填写下列调查表。

不定芽或体细胞胚形成调查表

观察日期　　　年　月　日

培养基	接种茎尖外植体数	形成不定芽的外植体数	形成芽数	形成体胚的外植体数	形成体胚数

实验 7
山药茎尖培养

一、实验目的

了解山药茎尖脱毒原理，通过实际操作，掌握山药茎尖的剥取、接种、培养等技术。

二、实验原理

山药为无性繁殖作物，生长过程中易受到一种或数种病毒不同程度的侵害，无性繁殖的过程也是病毒延续、逐代积累加重的过程，使原优良品种种性退化，品质降低。植物的茎尖分生组织一般不带病毒，采用茎尖培养方法可得到无病毒种苗，恢复其原有的高产优质特性。

茎尖培养生产脱毒苗的过程是：蔓芽摘取→消毒→剥取茎尖→组织培养→愈伤组织→丛生芽→生根→驯化炼苗→脱毒苗。

三、实验用品

1. 实验材料

山药茎蔓顶。

2. 主要仪器和试剂

超净工作台、解剖镜、镊子、手术刀、剪刀、酒精灯、棉球、广口瓶、无菌培养皿、无菌烧杯 2～3 个、小喷壶。0.1% 氯化汞、75% 乙醇、无菌水 300～500 mL 等。

3. 培养基

（1）愈伤组织、丛生芽诱导培养基：MS + 0.2～0.3 mg/L NAA + 2.0～3.0 mg/L BAP。

（2）继代培养基：MS + 0.2 mg/L NAA + 2.0 mg/L BAP（用于丛生芽继代）；MS（用于茎蔓继代）。

（3）生根培养基：MS。

以上培养基均添加 3% 蔗糖和 0.7% 琼脂，pH 5.8。

四、实验步骤

1. 取材

山药育苗，爬蔓后，剪取生长旺盛的茎蔓顶作为实验材料。采摘后不能及时处理的外植体，可用湿纱布包好放入冰箱，5～10℃下保存。

2. 材料的消毒

取 3～5 cm 茎蔓顶，用水冲洗干净，置于少许洗洁精水中浸泡 30 s，然后用流水冲洗干净，超净工作台表面杀菌。杀菌方法参照实验 3。

3. 茎尖剥取与接种

在超净工作台内，将上述消毒的山药茎蔓顶置于无菌培养皿上，在解剖镜下用刀片层层剥去外面的幼叶和叶原基，剥离至分生组织暴露出来，带 1~2 个叶原基，切取 0.2~0.5 mm 生长点，立即接种到培养基上，封口，培养。

4. 初代培养

茎尖在初代培养基培养，首先形成愈伤组织，然后从愈伤组织上形成不定芽。

5. 继代培养

（1）丛生芽继代　将形成的丛生芽分割，接种到继代培养基上，又会形成丛生芽，如此反复继代，可达到快速繁殖的目的。

（2）茎蔓继代　可利用腋芽继代快繁，每 1~2 节切成一段，接种到 MS 基本培养基上培养。茎蔓伸长后，再切段继代培养，如此反复接转，也可达到快繁目的。

在继代培养基上延长培养时间，可形成山药零余子（俗称山药豆）（图 7-1）。

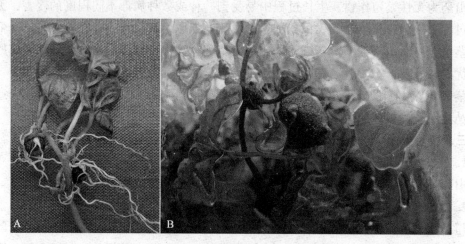

图 7-1　在继代培养基上形成的山药零余子
A. 丛生芽继代；B. 茎蔓继代

6. 生根培养

由于山药容易生根，无须在生根培养基中添加激素，可在 MS 基本培养基中直接生根。

初代培养、继代培养和生根培养的培养条件相同：温度（25±1）℃，每日光照时间 13~14 h，光照强度 2 000~3 000 lx。

7. 驯化移栽

移栽炼苗基质偏重于沙壤土加珍珠岩，炼苗初期保持适宜的温度和较高的空气湿度。操作方法参照实验 4。

五、思考题

1. 在山药茎尖继代培养中延长接转周期，会生长微型器官零余子，俗称山药豆，零余子可如何利用？

2. 在继代培养中，有时出现轻度褐化。怎样克服褐化现象？

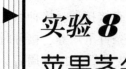

实验 **8**
苹果茎尖培养及快速繁殖

一、实验目的
学习掌握苹果离体培养及快速繁殖的基本方法和操作技术。

二、实验原理
苹果是营养繁殖的果树，组织培养常用于苹果的离体培养脱毒、快速繁殖和资源保存，而茎尖则是实现上述目的组织培养最为适合的外植体。

三、实验用品
1. 实验材料
已经通过休眠早春已萌动或萌发的果树叶芽或者正在生长的新梢顶端，尽量不用停止生长的新梢或休眠的芽。

2. 主要仪器和试剂
超净工作台、解剖镜、镊子、解剖针、手术刀、剪刀、酒精灯、棉球、烧杯、打火机、培养皿（无菌）。0.1% 氯化汞、70% 乙醇、无菌水等。

3. 培养基
（1）初代培养基：MS + 1.0 mg/L BA + 0.1 mg/L NAA + 0.8% 琼脂。
（2）继代培养基：MS + 0.5 ~ 1.0 mg/L BA + 0.05 mg/L NAA + 0.8% 琼脂。
（3）生根培养基：1/2 MS + 0.5 ~ 1.0 mol/L IBA + 0.5% 琼脂。
以上培养基均添加 1.5 g/L 活性炭、3% 蔗糖，pH 5.8。

四、实验步骤
1. 培养基的配制
按前述方法进行不同培养基的配制。

2. 材料预处理
剥取苹果植株的顶芽或腋芽 3 ~ 5 cm，去掉大叶，用洗衣粉水清洗 10 min，再用清水冲洗残余的药剂。

3. 材料消毒
在超净工作台上，先用 75% 乙醇浸泡 30 s，然后用 0.1% 氯化汞浸泡 5 min 左右，最后用无菌水清洗 3 ~ 5 次，吸干水分后备用。消毒方法参照实验 3。

4. 茎尖剥离与接种
在解剖镜下，将材料置于无菌培养皿内，剥去幼叶，露出锥形体，切出 0.3 ~ 0.5 mm

的茎尖，带 1~2 个叶原基，接种至已灭菌的培养基上。

如果是用于快速繁殖，可以适当增加茎尖的大小，直接将梢端外面较大的幼叶去掉，留 2~3 个包被很紧的小幼叶在基部切下，消毒后不再剥离，直接接种。接种后置于温度为 25℃，光照强度为 1 000~1 600 lx，每天 12~14 h 光照条件下培养。接种时动作尽量要快，应使茎尖向上，防止倒置。待培养 1~2 周后，茎尖转绿，2~3 周后芽开始膨大生长。

苹果等木本植物的切口比较容易褐化，为此接种后前期可适当进行 1 周左右的暗培养或在培养基中适当加入聚乙烯吡咯烷酮（PVP）、谷氨酰胺、维生素 C、活性炭等，在接种后的前期，将外植体转接几次也能有效减轻褐化。

5. 继代培养

经过一定时间的培养，由于芽的不断增殖形成芽丛，将其在无菌的条件下切下，转接于继代增殖培养基上，置于同样的培养条件下进行继代增殖培养，大约每 4 周就可增殖一次。

生根培养：继代培养获得无根试管苗，选择高度在 2 cm 以上者转接到生根培养基中进行培养，当根长到 2 cm 时可进行驯化移栽。

驯化移栽：瓶苗炼苗 3~4 d 即可移栽。移栽基质选用透气性好的基质，如干净的河沙、蛭石、珍珠岩等。驯化移栽方法参照实验 4。

五、思考与记录

1. 引起外植体材料褐变的原因是什么？怎样预防？

2. 培养基中添加活性炭的作用是什么？

3. 填写下列调查表。

芽增殖调查表

观察日期　　　年　　月　　日

培养基	接种外植体数	增殖芽数	形成圆球茎数

试管苗生根表调查表

观察日期　　　年　　月　　日

基质	接种试管苗数	生根的试管苗数	平均根条数 / 试管苗

实验 9
驱蚊草离体培养及快速繁殖

一、实验目的
学习掌握驱蚊草离体培养技术及快速繁殖方法。

二、实验原理
驱蚊草又称驱蚊香草、蚊净香草等。这种植物并非天然物种，是生物学家用现代生物技术手段，将香茅草中具有驱蚊功效的"香茅醛"基因导入原产于非洲的天竺葵，培养成具有驱蚊作用的植物；利用天竺葵独特的释放系统作为载体，将具有驱蚊作用的香茅醛源源不断地释放到空气中，同时还导入具有清新气味和净化空气作用的基因，形成"天然蒸发器"，因而植株芳香四溢，达到驱蚊效果。驱蚊草枝繁叶茂，形态优美，主茎柔软，可塑造为各种盆景，具有较高的观赏价值；驱蚊草能正常开花，但种子不育，因此不能自然繁殖。采用扦插繁殖成活率低，且在自然条件下，连续扦插容易感染病毒，经过代代积累，病毒就会发作，驱蚊功能也会代代衰减；进行脱毒苗离体快速繁殖是驱蚊草的最佳繁育方式，可保证株体的驱蚊效果及生命力。

利用驱蚊草茎尖培养获得脱毒苗，再进行丛生芽继代培养获得大量再生植株，达到快速繁殖的目的。

三、实验用品
1. 实验材料

（1）初始培养材料　选用驱蚊草茎顶。

（2）继代培养材料　再生的簇生小苗。

2. 主要仪器和试剂

超净工作台、解剖镜、镊子、解剖针、手术刀、剪刀、酒精灯、棉球、烧杯、火柴、培养皿（无菌）。0.1% 氯化汞、70% 乙醇、无菌水等。

3. 培养基

（1）初始培养基　MS + 0.2 mg/L NAA + 2.0 mg/L BAP。

（2）继代培养基　MS + 0.2 mg/L NAA + 0.5 mg/L BAP。

（3）壮苗培养基　MS 基本培养基。

（4）生根培养基　1/2 MS + 0.2 mg/L NAA。

以上培养基均添加 3% 蔗糖和 0.8% 琼脂，pH 5.8。

四、实验步骤

1. 材料消毒与初始培养

取生长旺盛的驱蚊草顶芽或侧芽，进行表面消毒（参照实验 3）。然后在解剖镜下剥取茎尖，接种到初始培养基上进行培养，诱导丛生芽。

2. 继代培养

以诱导形成的丛生芽为继代培养材料进行快速繁殖。将丛生芽切分成单棵或几棵1簇，接种到继代培养基上，约 2 周后又会长成丛生芽（图 9-1），又可进行继代培养。如此每 2 周继代一次，繁殖率呈几何级数递增，达到快速繁殖目的。

3. 壮苗培养

将丛生芽切分后转移到 MS 基本培养基上培养，促使丛生芽茎伸长增粗（图 9-2）。

视频 9-1
丛生芽的继代培养

图 9-1　增殖培养基上形成的驱蚊草丛生芽　　　图 9-2　壮苗培养基上长成的驱蚊草小苗

4. 生根培养

在壮苗培养基上长成的丛生小苗，将其从基部切下，转移到生根培养上培养，1 周后生根，4 周后长成株高 3～4 cm 的完整植株，便可进行驯化移栽。

培养条件：温度 25℃，每日光照 13 h，光照强度为 3 000 lx。

5. 驯化移栽

移栽基质可选用草炭土、蛭石、珍珠岩、河沙等。驯化移栽方法参照实验 4。

五、思考与记录

1. 生根培养基为什么要用 1/2 MS 培养基？

2. 填写下列调查表。

继代培养丛生芽形成调查表

观察日期　　　年　　月　　日

培养基	接种丛生芽块数	形成芽数

实验 10
大花惠兰组织培养及快速繁殖

一、实验目的

学习掌握大花惠兰离体培养技术及快速繁殖的基本方法。

二、实验原理

大花惠兰是深受花卉爱好者喜爱的花卉之一，在国际花卉市场十分畅销。由于其结实率低且分株能力弱，繁殖缓慢，不能满足市场需求，因此可利用其侧芽培养诱导原球茎，然后作为继代培养材料，进行离体快速繁殖。

三、实验用品

1. 实验材料

于每年 2 月底至 4 月初，取大花惠兰的侧芽进行初始培养，或利用培养形成的原球茎进行继代培养。

2. 主要仪器和试剂

超净工作台、解剖镜、镊子、解剖针、手术刀、剪刀、酒精灯、棉球、烧杯、火柴、培养皿（无菌）。0.1% 氯化汞、70% 乙醇、无菌水等。

3. 培养基

（1）初始培养基　MS + 0.2 mg/L NAA + 2.0 mg/L BAP。

（2）继代培养基　MS + 0.2 mg/L NAA + 2.0 mg/L BAP。

（3）生根培养基　MS + 0.2 mg/L NAA。

以上培养基均添加 1.5 g/L 活性炭、3% 蔗糖和 0.8% 琼脂，pH 5.8。

四、实验步骤

1. 材料的消毒

取大花惠兰的侧芽，剥掉外部叶片，用自来水冲洗干净后，进行表面消毒（方法同实验 3）。

2. 茎尖剥取与接种

材料于超净工作台内消毒后，置于经高压灭菌的培养皿上，在解剖镜下用解剖针或刀片层层剥去外面的幼叶和叶原基，从基部切下后随即接种到培养基上，封口培养。

3. 初始培养

将剥取的侧芽茎尖接种于初始培养基上培养，约 1 个月后，茎尖膨大成原球茎。

4. 继代培养

将以上形成的小原球茎，纵切成 2~4 块（注意从中间切，使每块外植体都带有分生组织）（图 10-1），接种于继代培养基上进行培养。2 周后切块又会形成原球茎，并随着培养时间延长进一步形成丛生原球茎（图 10-2）。将丛生原球茎切割分块进行继代培养，可达到快速繁殖的目的。

5. 生根培养

当不再切割时，原球茎会长出叶片和气生根，为提高小苗的生根质量，可转移到生根培养基上培养（图 10-3）。当长出 5~6 片叶子时便可驯化移栽。

培养条件均为：温度 25℃，每日光照 13 h，光照强度为 3 000 lx。

6. 驯化移栽

瓶苗炼苗 3~4 d 即可移栽；移栽基质选用透气性好的基质，如水苔、木炭、树皮等。驯化移栽方法参照实验 4。

ⓔ 视频 10-1
大花惠兰原球茎
的快速繁殖

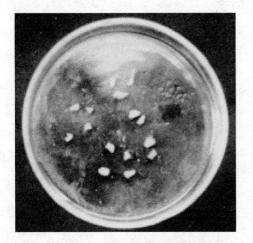

图 10-1　大花惠兰原球茎切块

图 10-2　大花惠兰丛生原球茎

ⓔ 彩图 10-1
大花惠兰原球茎
切块
ⓔ 彩图 10-2
大花惠兰丛生原
球茎

图 10-3　大花惠兰再生植株

五、思考与记录

1. 利用切割原球茎进行培养快速繁殖时，为什么将原球茎纵切而不是横切？

2. 培养基中为什么要添加活性炭？

3. 填写下列调查表。

芽增殖调查表

观察日期　　　　年　　月　　日

培养基	接种外植体数	形成原球茎外植体数	形成原球茎数

实验 *11*
蝴蝶兰花梗腋芽组织培养及快速繁殖

一、实验目的
通过蝴蝶兰花梗腋芽的组织培养，掌握蝴蝶兰快繁增殖的操作技术。

二、实验原理
蝴蝶兰属热带、亚热带花卉，花大而靓，花期较长，有"洋兰皇后"之美誉。蝴蝶兰单株生长，少有分株。离开原产地，因无特定昆虫传粉受精不易结实，需经人工授粉才能获得种子，但其种子发育不全，在自然条件下萌发率极低。目前蝴蝶兰的种苗来源主要是组织培养。

蝴蝶兰幼嫩花梗节段具有潜伏芽，可用之诱导丛生芽。

三、实验用品
1. 实验材料
蝴蝶兰幼嫩花梗。

2. 主要仪器和试剂
超净工作台、镊子、手术刀、酒精灯、酒精喷壶、棉球、无菌培养皿、无菌烧杯2～3个。无菌水 300～500 mL、0.1% 氯化汞、75% 乙醇等。

3. 培养基
（1）潜伏芽萌发诱导培养基　MS + 0.3 mg/L NAA + 3.0 mg/L BAP。

（2）继代培养基　MS + 0.2 mg/L NAA + 2.0 mg/L BAP。

（3）生根培养基　1/2 MS + 0.5 mg/L NAA + 0.2% 活性炭。

以上培养基均添加 3% 蔗糖和、0.7% 琼脂，pH 5.6。

四、实验步骤
1. 取材与消毒
选取健壮无病虫害的植株，摘取第一朵花蕾膨大之前的幼嫩花梗，进行表面消毒。因腋芽处于休眠状态，且有包叶包裹，消毒时间可延长至 12～15 min，如果是开过花的老梗，消毒时间则适当再增加。消毒方法参照实验 3。

2. 潜伏芽的萌发诱导
将消毒后的花梗切成茎段扦插于潜伏芽萌发诱导培养基上，每一个茎段含有一个潜伏芽，花梗下端切成斜面，增加营养吸收面积，上端尽量切成平面，减少水分等物质流失。

3. 继代培养

潜伏芽萌发后，接转到继代培养基上，诱导形成丛生芽；将丛生芽分割再接转于继代培养基上，又会形成丛生芽；如此反复继代培养，实现快速繁殖。

4. 生根培养

将丛生芽分成单株，转移到生根培养基上诱导生根。

培养条件：温度（25±1）℃，每日光照时间 13 h，光照强度为 2 000 lx。

5. 驯化移栽

出瓶前揭口驯化。由于蝴蝶兰属气生根特性，炼苗不宜用泥土等，多采用水苔作为炼苗基质，疏松透气是养好蝴蝶兰的关键。驯化移栽参照实验4。

五、注意事项

1. 选用锋利刀片，防止挤压花梗，损伤维管系统，而影响营养输导。

2. 蝴蝶兰根尖翠绿，要细心操作，清洗培养基时避免损伤根尖；蝴蝶兰根不耐涝，但需要较高的空气湿度，因此不宜浇水过多，否则极易烂根，可叶面喷雾洒水。

六、思考题

腋芽培养能否脱毒？

实验 12
丽格海棠叶片、叶柄组织培养及快速繁殖

一、实验目的

学习掌握叶片、叶柄组织培养技术及快速繁殖的基本方法。

二、实验原理

丽格海棠属于秋海棠科秋海棠属的多年生草本植物，花期长，花色丰富，枝叶翠绿，株型丰满，是冬季美化室内环境的优良品种，也是四季室内观花植物的主要种类之一。丽格海棠叶片、叶柄离体培养容易形成丛生芽，进一步培养可长成完整植株，因此可以利用其离体培养，达到快速繁殖的目的。

三、实验用品

1. 实验材料

丽格海棠无菌幼嫩植株的叶片、叶柄。

2. 主要仪器和试剂

超净工作台、镊子、手术刀、剪刀、酒精灯、棉球、火柴、培养皿（无菌）。0.1%氯化汞、70% 乙醇、无菌水等。

3. 培养基

（1）丛生芽诱导培养基　MS + 0.2 mg/L NAA + 2.0 mg/L BAP。

（2）芽伸长培养基　MS 基本培养基。

（3）生根培养基　1/2 MS + 0.6 mg/L IBA。

以上培养基均添加 3% 蔗糖和 0.8% 琼脂，pH 5.8。

四、实验步骤

1. 材料的接种及丛生芽诱导

将叶片切去边缘，再切成 5 mm × 5 mm 小块，叶柄切成 5 mm 的段，然后接种到丛生芽诱导培养基上培养。约培养 2 周后，从外植体边缘上开始形成丛生芽。一般很少形成愈伤组织，而是外植体经脱分化后直接分化丛生芽，每个外植体可形成几十个丛生芽（图 12-1）。

2. 芽伸长培养

将形成的丛生芽转移到不添加激素的 MS 基本培养基上，芽伸长，长出明显的茎叶。

3. 生根培养基

将伸长至 3～5 cm 的小芽从基部切下，转移到 1/2 MS + 0.6 mg/L IBA 的生根培养基

⊙ 视频 12-1
叶片叶柄的组织培养

35

上培养，芽将继续长高，并长出发达的根系（图 12-2）。

　　培养条件：温度 25℃，每日光照时间 13 h，光照强度为 3 000 lx。

　　4. 驯化移栽

　　瓶苗炼苗 3～4 d 即可移栽。移栽基质选用沙子、蛭石和珍珠岩（1∶1∶1），移栽后 1 周内保持较高的空气湿度。驯化移栽方法参照实验 4。

图 12-1　丽格海棠叶片外植体形成的丛生芽

图 12-2　丽格海棠的再生植株

五、思考与记录

　　1. 在叶片、叶柄组织培养中，为什么有的植株容易形成丛生芽，而有的植物再生能力非常弱？

　　2. 填写下列调查表。

不定芽分化调查表

观察日期　　　　年　　月　　日

培养基	外植体	接种外植体数	形成丛生芽的外植体数	形成芽数

实验 *13*
大花萱草花梗组织培养及快速繁殖

一、实验目的

学习大花萱草花梗组织培养技术及丛生芽诱导、快繁、生根的方法。

二、实验原理

大花萱草属于百合科，多年生宿根草本，有地下球茎。可用来布置各种花坛、马路隔离带、疏林草坪等，也可利用其矮生特性作地被植物。由于大花萱草自然分株繁殖系数低，因此可利用组织培养方法进行快速繁殖。

大花萱草的幼嫩花梗，分生能力强，消毒灭菌后，斜切成椭圆薄片，创伤面与培养基相接触，利于形成愈伤组织和丛生芽。

三、实验用品

1. 实验材料

大花萱草幼嫩花梗。

2. 主要仪器和试剂

超净工作台、镊子、手术刀、酒精灯、酒精喷壶、棉球、无菌培养皿、无菌烧杯2～3个。0.1% 氯化汞、75% 乙醇等。

3. 培养基

（1）诱导培养基　MS + 0.2～0.3 mg/L NAA + 2.0～3.0 mg/L BAP。

（2）继代培养基　MS + 0.2 mg/L NAA + 2.0 mg/L BAP。

（3）生根培养基　MS + 0.2 mg/L NAA。

以上培养基均添加 3% 蔗糖和 0.7% 琼脂，pH 5.8。

四、实验步骤

1. 初代培养

选取健壮无病虫害的大花萱草植株，摘取尚未开花的幼嫩花梗作为初始培养材料。超净工作台内进行表面消毒后，将花梗斜切成厚度 1～2 mm 的椭圆形的薄片，接种到诱导培养基上进行培养。消毒方法参照实验 3。

2. 继代培养

外植体接种在诱导培养基上后，首先形成愈伤组织，然后从愈伤组织上形成丛生芽。将丛生芽分割，转到继代培养基上培养，又可形成丛生芽。如此继代培养，可达到快速繁殖的目的（图 13–1）。

图 13-1 大花萱草组培过程
A. 接种的花梗外植体；B. 形成的愈伤组织；C 和 D. 形成的丛生芽；E 和 F. 再生的小苗

3. 生根培养及驯化移栽

（1）单苗生根：将增殖的丛生芽分割成单苗，接转到生根培养基上，诱导生根。

（2）簇生苗生根：将多个生长点在一起的丛生芽，分割成每块 3~5 个小芽的丛芽簇，接转到生根培养基上，进行生根培养；发根瓶苗经驯化后移栽于基质，因生长的群体效应，移栽易成活，移栽约 30 d 后，株高可达 10 cm 左右，根系 8~15 cm。将簇生苗分株栽于营养钵里或直接定植，每株小苗要带有新根（图 13-2），分株小苗几乎可全部成活，没有缓苗期。

培养条件：温度（24±1）℃，每日光照时间 13 h，光照强度 3 000 lx。

图 13-2 大花萱草驯化移栽簇生苗

五、注意事项

选用锋利刀片，以免切割时挤压花梗，造成细胞受损。

六、思考与记录

1. 花梗培养是否产生无毒苗？
2. 填写下列调查表。

愈伤组织形成及不定芽分化调查表

观察日期　　　年　　月　　日

接种日期	培养基	外植体	接种外植体数	形成愈伤组织的外植体数	形成不定芽的外植体数

繁殖系数记录表

观察日期　　　年　　月　　日

接转日期	接种株数 / 瓶	4 周后株数 / 瓶	备注

实验14
非洲菊花托组织培养及快速繁殖

一、实验目的

学习掌握非洲菊花托组织培养技术及丛生芽诱导的基本方法。

二、实验原理

非洲菊为异花授粉植物，种子发芽率低，且易发生变异，因此利用种子繁殖难度较大。生产上，非洲菊繁殖主要在每年的3—5月份采用分株法和扦插法，但繁殖系数较低；非洲菊花托肉质肥厚，通过消毒灭菌处理后，制造新的创伤面进行培养，易形成愈伤组织及不定芽，可进一步获取优质种苗。

三、实验用品

1. 实验材料

非洲菊花托。

2. 主要仪器和试剂

超净工作台、镊子、手术刀、酒精灯、棉球、酒精喷壶、无菌培养皿、无菌烧杯2～3个。无菌水300～500 mL、0.1%氯化汞、75%乙醇等。

3. 培养基

（1）初始诱导培养基　MS + 0.3 mg/L NAA + 3.0 mg/L BAP。

（2）继代培养基　MS + 0.1～0.2 mg/L NAA + 1.0～2.0 mg/L BAP。

（3）生根培养基　1/2 MS + 0.2 mg/L NAA。

以上培养基均添加3%蔗糖和0.7%琼脂，pH 5.8。

四、实验步骤

1. 实验材料的消毒

选取健壮无病虫害的植株，摘取直径1～2 cm尚未展开苞叶的花蕾，经流水冲洗后，于超净工作台内进行表面消毒，由于非洲菊有绒毛，可在消毒剂中滴加1～2滴Tween-80。消毒方法参照实验3。

2. 材料的接种与初始诱导培养

在无菌培养皿上，将非洲菊花托去掉苞叶、小花，切成（0.3～0.5）cm ×（0.3～0.5）cm的方块，接种到诱导培养基上培养，诱导愈伤组织形成及不定芽分化。

3. 继代培养

将形成的丛生芽分割成2～3株一簇，接转到继代培养基上培养，再诱导丛生芽。

反复接转继代培养，实现快速繁殖的目的。

4. 生根培养

（1）单苗生根：将增殖的丛生芽分割成单苗，接转到生根培养基上，进行生根培养。

（2）簇生苗生根：将丛生芽分割成每块 3~5 个小芽的丛芽簇，接转到生根培养基上，进行生根培养（图 14-1）。

培养条件：温度（24±1）℃，每日光照时间 13 h，光照强度 3 000 lx。

图 14-1　非洲菊生根苗

上排：适宜 NAA 诱导的优质根；下排：NAA 浓度过高诱导的根粗脆易断

4. 驯化移栽

当植株在生根培养基中长成 4~5 cm，根长 3~4 cm 时便可驯化移栽。移栽基质配比：珍珠岩：蛭石：草炭土 =1：1：3。用杀菌剂喷雾搅拌基质，进行杀菌消毒，并施用适量尿素，基质相对湿度以 60%~65% 为宜。驯化移栽方法参照实验 4。

五、注意事项

非洲菊的生根培养基以 1/2 MS 培养基为宜，添加 NAA 不能过多，否则生出的根，粗脆易断，炼苗时不易成活。

六、思考与记录

1. 非洲菊花托组培苗是否为脱毒苗？

2. 不定芽和丛生芽的区别是什么？

3. 消毒剂中为什么要加 1~2 滴 Tween-80？

4. 填写下列调查表。

愈伤组织形成及不定芽分化调查表

观察日期　　　年　　月　　日

接种日期	培养基	外植体	接种外植体数	形成愈伤组织的外植体数	形成不定芽的外植体数

繁殖系数记录表

观察日期　　　年　　月　　日

接转日期	接种株数 / 瓶	4 周后株数 / 瓶	备注

实验 *15*
百合鳞片离体培养及快速繁殖

一、实验目的

学习掌握鳞茎植物利用鳞片进行离体培养技术及快速繁殖的基本方法。

二、实验原理

百合因观赏价值和食用价值较高，国际市场需求量很大。为满足市场要求，可采用组织培养方法进行快速繁殖。百合为鳞茎植物，鳞片再分化能力较强，因此可以利用鳞片作为外植体进行离体快繁。

三、实验用品

1. 实验材料

新鲜百合的鳞片，或利用离体培养形成小鳞茎的鳞片。

2. 主要仪器和试剂

超净工作台、镊子、手术刀、剪刀、酒精灯、棉球、烧杯、火柴、培养皿、（无菌）。0.1% 氯化汞、70% 乙醇、无菌水等。

3. 培养基

（1）诱导培养基　MS + 0.1 mg/L NAA + 0.5 mg/L BAP。

（2）芽增殖培养基　MS + 0.1 mg/L NAA + 1.0 mg/L BAP。

（3）生根结鳞培养基　1/2 MS + 0.2 mg/L NAA。

以上培养基均添加 3% 蔗糖和 0.8% 琼脂，pH 5.8。

四、实验步骤

1. 材料的消毒

取百合新鲜鳞茎，用洗衣粉水和清水清洗后，于超净工作台内进行表面消毒。消毒方法参照实验 3。

2. 材料的接种及初始培养

将表面杀菌的鳞茎放在经高压灭菌的培养皿中，剥取鳞片切成 0.5 cm × 0.5 cm 的块，接种于诱导培养基上培养。约 1 周后，鳞片上会形成小突起，继续培养，诱导出不定芽或丛生芽。

3. 芽增殖培养

将丛生芽切成单芽，接种在增殖培养基上，约 1 个月后又会形成丛生芽。如此反复进行，达到快速繁殖的目的。

4. 生根结鳞茎

将芽分成单株，转接于生根结鳞培养基上，诱导生根，在芽的基部可形成鳞片。

培养条件：温度 25℃，每日光照时间 13 h，光照强度为 3 000 lx。

5. 驯化移栽

瓶苗炼苗 3~4 d 即可移栽。移栽基质选用沙子、珍珠岩等。驯化移栽方法参照实验4。

五、思考与记录

1. 利用百合鳞片作为外植体进行组织培养，鳞片的基部、中部和上部哪部分再分化能力强？为什么？

2. 填写下列调查表。

丛生芽诱导调查表

观察日期　　　　年　　月　　日

培养基	接种外植体数	形成不定芽的外植体数	形成芽数

实验 16
胚的离体培养

一、实验目的

学习和掌握植物幼胚的剥取、无菌操作及幼胚培养等技术。

二、实验原理

胚培养也称为胚挽救技术，主要是通过离体培养技术解决杂种胚的早期败育、排除珠心胚干扰，使胚发育不全或种子生活力低或无活力的植株获得后代；也可用以打破种子的休眠，使之提前萌发成苗。如早熟桃等核果类果树品种成熟时，其胚一般尚未完成发育，自然播种，不能获得后代，所以这类果树杂交育种时常采取对杂种胚离体培养的方法。

幼胚在离体培养条件下，发育方式一般有 3 种：①继续进行正常的胚胎发育过程，最后形成小植株；②形成愈伤组织，由愈伤组织再分化形成胚状体或芽原基；③未完成胚发育过程而提早萌发形成畸形、瘦弱的苗，继而死亡。培养基成分对幼胚离体培养发育方向起重要作用。

三、实验用品

1. 实验材料

作物、果树（早熟桃、樱桃）、蔬菜、花卉等植物的幼胚。

2. 主要仪器和试剂

超净工作台、镊子、解剖针、实体解剖镜或放大镜、手术刀、酒精灯、棉球、广口瓶、火柴、培养皿（无菌）、无菌滤纸。0.1% 氯化汞、70% 乙醇、无菌水等。

3. 培养基

根据不同品种、胚发育情况选用基本培养基，并附加不同浓度和配比的植物生长调节剂等其他附加成分。

四、实验步骤

以桃为例，用刀先剥去果肉，再用锤等工具轻轻将桃核敲开，取出种子，注意不要把种皮碰破，将种子放入广口瓶内，在无菌室的超净工作台上进行材料消毒。由于种胚包在子叶内，消毒时间可以相应增加，消毒操作方法参照实验 3。

用镊子在无菌培养皿内，剥去种皮（小体积的种子该过程要在解剖镜下完成）。在酒精灯火焰上方打开装有培养基的试管或三角瓶，迅速将种胚（带子叶）的胚根部插入培养基中约 1/3，封口后，做好标记。

　　种胚培养条件：由于温带果树种子大部分具有休眠的特性，因此接种后的种胚，需在 0～5℃低温条件下冷藏一段时间以通过休眠。低温冷藏的时间，因树种、品种而异，一般为 60～80 d。经低温处理后，将三角瓶置于（25±2）℃的培养室中培养。每天光照时间 12～16 h，光照强度 1 500～3 000 lx。没有休眠特性的材料可直接培养，一般一周后，种胚可发芽生长。

五、思考题

1. 影响幼胚培养的因素有哪些？
2. 幼胚培养时胚的发育方式有哪几种？各有何特点？
3. 幼胚培养的意义是什么？

实验 *17*
子房、胚珠的离体培养

一、实验目的

学习和掌握子房、胚珠培养方法与技术。

二、实验原理

在离体胚培养中，分离和培养处于早期的原胚相对比较困难，往往不容易成功，因此，可以用胚珠培养或子房培养来促进原胚继续胚性生长，使幼胚发育成熟，挽救杂种胚，获得杂种后代。但是如果条件不适宜，容易诱导外植体上形成愈伤组织，这些愈伤组织可能来自幼胚，也可能来自珠心组织。

未授粉的胚珠和子房的培养可以用于诱导孤雌生殖，产生雌性单倍体；或用于离体受精，克服孢子型不亲和，获得远缘杂种。

三、实验用品

1. 实验材料

作物、果树（早熟桃、樱桃）、蔬菜、花卉等植物的子房或胚珠。

2. 主要仪器和试剂

超净工作台、镊子、解剖针、实体解剖镜或放大镜、手术刀、酒精灯、棉球、广口瓶、火柴、培养皿（无菌）、无菌滤纸。0.1% 氯化汞、70% 乙醇、无菌水等。

3. 培养基

根据不同植物选用基本培养基，并附加不同浓度和配比的植物生长调节剂等其他附加成分。

四、实验步骤

当授粉后的子房内的胚胎发育已处于原胚期，取子房进行表面消毒。消毒方法参照实验3。

消毒后进行外植体材料接种或在无菌条件下剖开子房，将胚珠一个一个地取下，接种于培养基上，或将胚珠连同胎座部分切下一起培养。

对于诱导孤雌生殖的未授粉的子房和胚珠培养，选择材料时可根据花粉发育与雌配子的关系来确定发育时期。有些植物在花粉单核靠边期时取材，正是雌配子体的大孢子母细胞期至单核胚囊期。也可以根据花的外部形态特征进行取材。

培养条件：接种后的材料放在（25±2）℃的培养室中培养，但不同物种有所差别，根据材料的喜好给予光照、黑暗交替或者完全的暗培养。

五、思考题

1. 影响子房、胚珠培养的因素有哪些？

2. 子房、胚珠培养时获得的植株其可能的来源有哪些？

3. 子房、胚珠培养有何用途？

实验 *18*
花药、花粉的离体培养

一、实验目的
掌握花药、花粉离体培养的操作技术。

二、实验原理
花药培养是将发育到一定阶段花粉粒的花药接种到培养基上进行离体培养，以改变花药中花粉细胞的发育途径而获得花粉植株的技术。花粉培养是把花粉细胞从花药中分离出来，以单个花粉细胞作为外植体进行离体培养的技术（图 18-1）。

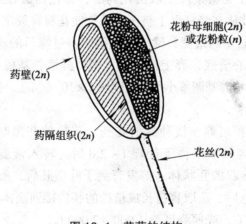

药壁(2n)

药隔组织(2n)

花粉母细胞(2n)
或花粉粒(n)

花丝(2n)

图 18-1　花药的结构

花药培养或花粉培养均以获得单倍体植株为目的，经自然或人工加倍后成双单倍体，从而利于基因型的纯合，也利于对隐性基因性状的选择，加速育种进程。

三、实验用品
1. 实验材料

白菜、辣椒等园艺植物的花蕾。

2. 主要仪器和试剂

显微镜、超净工作台、镊子、刀片、酒精灯、载玻片、盖玻片、培养皿、无菌纸、吸水纸、标签纸、火柴。1% 醋酸洋红染色液、70% 乙醇、0.1% 氯化汞、无菌水等。

3. 培养基

诱导分化培养基，诱导生根培养基。

四、实验步骤

1. 花药、花粉的预处理

花药、花粉培养成功与否，选择小孢子发育时期非常重要，一般选用小孢子发育在单核靠边期的花药或花粉进行培养。确定小孢子的发育时期，可用醋酸洋红压片后镜检，也可通过观察花蕾大小，如白菜小孢子处于单核靠边期时，花蕾长 0.209 ~ 0.297 cm，花蕾宽 0.154 ~ 0.211 cm，花瓣与花药比例在 1/3 ~ 5/7。

为了取得较好的培养效果，接种前可将花蕾置于低温 3 ~ 4℃或高温 34 ~ 35℃条件下预处理。例如将花蕾材料用湿纱布包好后装入塑料袋中，放在冰箱内冷藏 2 ~ 14 d 或在高温 34 ~ 35℃条件下培养箱中培养 1 ~ 2 d，可显著提高胚状体的诱导率。

2. 花药、花粉的接种

选取生长健壮、较幼龄植株上的前期花蕾。接种前（或经预处理后）将花蕾用自来水冲洗后，在超净工作台内进行表面消毒。消毒方法参照实验 3。

在超净工作台内取出花药，接种在培养基上，取花药时应尽可能避免碰伤花药，严重损伤的花药应予剔除，也不要把花丝或其他组织块带入培养基，以免影响花粉的发育。

进行花粉培养时，在无菌条件下取出花药后，将花药放在加有 4 ~ 5 mL 的液体培养基的小烧杯中，用粗玻棒在烧杯壁上挤压花药，使花粉释放出来。然后根据花粉粒的大小，选用孔径合适的尼龙网过滤，除去药壁组织。过滤后的花粉液经 800 r/min 离心 3 min，使花粉粒沉于离心管底，弃上清液，再用新鲜培养基稀释，重复 3 次得到纯净的花粉群体，然后用液体培养基调整小孢子密度约 1×10^5 个/mL，倒入培养皿中进行培养。

3. 花药、花粉的培养

（1）胚状体的诱导和培养 接种后的花药、花粉放在黑暗、低温 2 ~ 4℃条件下培养 2 ~ 14 d 或高温 34 ~ 35℃条件下处理 1 ~ 2 d 后，转入常温（25 ± 2）℃，暗培养 20 ~ 30 d，将陆续形成突起的胚状体，等发育到子叶型胚后，放置在弱光下继续培养，胚的颜色从白色转为绿色后，选取容易长成植株的胚转接到固体培养基中光照培养。培养期间，温度（25 ± 2）℃，光照强度为 1 000 ~ 2 000 lx。

不同作物所用培养基不同，十字花科胚状体的诱导以 B_5 基本培养基附加 8% ~ 13% 的糖效果良好，禾谷类作物则多用 N6 及马铃薯提取液培养基，有的作物以 MS 为基本培养基附加 GA_3，对胚状体的诱导有一定增效作用。

将诱导出的胚状体转入 MS 或 1/2 MS 附加 BA 0.5 ~ 1.0 mg/L，GA_3 0.1 ~ 5 mg/L，LH 100 mg/L 的培养基上，多数可继续生长，以后要不断调整培养基的植物生长调节剂进行配比，才能使胚状体继续分化和生长，提高植株的诱导率。

（2）愈伤组织的诱导与分化 花药、花粉愈伤组织的诱导一般在暗培养条件下进行，出现愈伤组织以后，再改用光照培养。诱导的培养基以 MS、N6、White 为主，而以 MS 较好，附加植物生长调节剂 2,4-D 0.4 ~ 2.0 mg/L 诱导率最高，其次是 NAA 2 mg/L 和 IAA 2 ~ 4 mg/L，有时加用 KT 2 mg/L。

愈伤组织在分化培养基上培养，可分化出芽苗或胚状体。以 MS 为基本培养基附加

BA 2 mg/L，NAA 0.1～0.5 mg/L，生物素 5 mg/L；或者以 White 为基本培养基附加 BA 2 mg/L，NAA 0.1 mg/L，胰岛素 8 mg/L，水解乳蛋白 500 mg/L，均可以使愈伤组织分化出芽苗再生植株。

五、注意事项

1. 外植体的选取：应选取健壮、幼龄植株，小孢子发育在单核靠边期的早期花蕾。

2. 预处理：进行高温或低温预处理花蕾或花药，可提高胚状体的诱导率。

3. 培养条件：前期需暗培养，愈伤组织或胚状体形成后，逐渐转移到光下培养。

4. 花药、花粉培养得到的植株是单倍体植株，需加倍后方可用于繁育生产。

六、思考题

1. 接种花药时应注意哪些问题？

2. 花药、花粉培养过程中为什么要经过低温处理？

3. 花药、花粉培养中再生植株的形成途径与再生植株倍性有何关系？

实验 19
人工种子的制作

一、实验目的
学习并熟悉人工种子的制作方法。

二、实验原理
人工种子又称合成种子或体细胞种子，是指通过植物组织培养的方法获得的具有正常发育能力的材料，外面包被有特定物质，在适宜条件下能够发芽成苗（图 19-1、图 19-2）。植物离体培养中产生的胚状体，是人工种子制作中常用的材料。

不是所有的胚状体均能用于人工种子的制作，用于制作人工种子的胚状体应具备以下特点：①形态学上应与天然合子胚相似，并能萌发成根、茎、叶完整的幼苗，这是人工种子能否成功的关键；②基因型和表现型应与亲本相同；③耐干燥并能长期保存。胚发芽率的高低、胚的质量和同步控制等对人工种子的生产至关重要。胚状体的健壮与否决定了它能否正常发育，这是保证人工种子发芽率和成株率的关键；而胚状体发生的同步性又决定了人工种子发芽、成长、结实的同步性，它是影响人工种子有无实用性的关键。

目前人们控制胚状体同步生长的方法很多，常用的有：分离过筛、渗透压控制、化学抑制法和低温抑制法等，在操作中应根据具体情况，选用具体的方法，以期尽量获得高质量的整齐一致的胚状体。

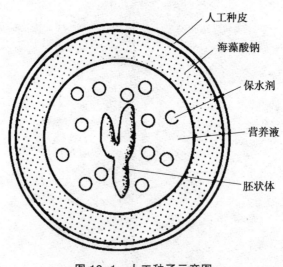

图 19-1　人工种子示意图

ⓔ 彩图 19-1
人工种皮包埋制
成的人参人工种子

图 19-2 人工种皮包埋制成的人参人工种子（引自 Choi 等，2002）

理想的包埋介质应符合以下条件：①对所包埋的胚状体无伤害，无毒害；②足够柔韧以包埋和保护胚状体，并允许其萌发成苗；③有一定的硬度，以适应于储存、运输和种植过程中的各种常规操作；④可容纳和传递足够胚萌发所需要的营养物质；⑤可以用现有的温室或农业机械进行播种。海藻酸钠是目前较为理想的人工种子包埋介质。

三、实验用品

1. 实验材料

胡萝卜胚状体。

2. 主要仪器与试剂

摇床、培养箱、超净工作台、过滤网、滴管、海藻酸钠、$CaCl_2$、蛭石、电子天平、药匙、称量纸等。

3. 培养基

1/4 MS；MS；MS + 2 mg/L 2,4-D + 3% 蔗糖 +0.8% 琼脂。

四、实验步骤

1. 胡萝卜胚状体的获得

（1）将天然种子进行表面消毒，无菌条件下接种在 1/4 MS 培养基上发芽。

（2）将幼苗的下胚轴接种在 MS + 2 mg/L 2,4-D 的固体培养基上，培养诱导愈伤组织的产生。

（3）将黄色松散易碎的下胚轴愈伤组织悬浮到 MS + 2,4-D 2 mg/L 的液体培养基上培养，并继代几次，产生均匀一致的细胞系。摇床的振荡速度以先快后慢，80～110 r/min 为宜。

（4）将细胞系转入 MS 液体培养基培养，产生大量均匀一致的包埋的胚状体。

（5）用 2 mm 直径的网过滤，筛选长度介于 1～2 mm 之间的胚状体，备用。

2. 胚状体的包埋

（1）将筛选的胚状体悬浮于 1%～2% 的海藻酸钠溶液中。

（2）用直径为 2～4 mm 的滴管把胚状体与凝胶一起滴入 0.1 mol/L 的 $CaCl_2$ 溶液中，

形成人工种子小球，浸泡 30 min。

（3）将人工种子取出，无菌水洗净。

3. 发芽与移栽

（1）将制成的人工种子播种至 1/4 MS 培养基上进行发芽。

（2）发芽后将幼苗移栽到温室中。

五、注意事项

人工种子制成后，可在 4℃下进行保存，但不能长期保存，保存一周发芽率就明显下降。

六、思考题

1. 是否任何胚状体都可以制作人工种子，为什么？

2. 为什么要筛选长度介于 1~2 mm 的胚状体制备人工种子？

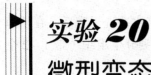

实验20
微型变态器官（马铃薯试管薯）的诱导

一、实验目的

学习掌握马铃薯试管薯的诱导，了解微型变态器官的诱导方法。

二、实验原理

马铃薯是世界上主要的粮食和蔬菜兼用作物之一，以无性繁殖为主，马铃薯种薯"退化"导致产量和质量的下降曾一度成为世界性的难题。随着植物组织培养技术的发展与应用，利用植物茎尖分生组织培养技术获得脱毒"复壮"种薯，从根本上解决了马铃薯种薯退化问题。

马铃薯试管薯（microtuber）是指在培养瓶内通过诱导，试管苗叶腋间形成的直径为 2～10 mm 大小的块茎，是继脱毒试管苗之后发展起来的脱毒种薯生产的新形式，可以应用于种质资源保存、交换，无毒种薯的生产、运输以及马铃薯基因工程研究中基因转移的受体等。

试管薯的形成及发育受多种因素的影响，其中以蔗糖的作用尤为显著。蔗糖不仅为试管薯膨大提供碳源，而且对块茎发育过程中一些重要酶的基因表达及部分贮藏蛋白积累具有重要影响，一般添加 8% 蔗糖。此外，激素、温度、光照、培养基都影响试管薯的形成。

三、实验用品

1. 实验材料

马铃薯块茎。

2. 主要仪器与试剂

超净工作台、解剖镜、镊子、解剖针、手术刀、剪刀、酒精灯、棉球、广口瓶、火柴、培养皿（无菌）。0.1% 氯化汞、70% 乙醇、无菌水等。

3. 培养基

（1）茎尖培养基　MS + 0.1 mg/L NAA + 0.2 mg/L GA_3 + 0.5 mg/L BA + 3% 蔗糖 + 0.8% 琼脂。

（2）壮苗培养基　2 倍 MS（液）+ 3% 蔗糖 + 0.15%～0.3% 活性炭。

（3）诱薯培养基　MS + 2～5 mg/L BA + 0.5～0.7 mg/L CCC + 8% 蔗糖。

以上培养基均为 pH 5.8。

四、实验步骤

1. 脱毒试管苗的获得

薯块育苗，促使其旺盛生长。出芽后，摘取茎尖，先用自来水冲洗干净后，在超净工作台内进行表面杀菌（消毒方法同实验3）。解剖镜下剥取茎尖分生组织（带1~2个叶原基），接种到诱导培养基上进行离体培养，获得脱毒试管苗。

2. 壮苗培养

（1）将带有2~3个茎节的试管苗，去掉顶芽横放在液体壮苗培养基上静止培养。

（2）3~4周后，将得到的健壮试管苗继续扩繁，诱导出足够的、来源一致的基础苗（图20-1）作为诱导试管薯的母株。

图 20-1　马铃薯试管苗

培养条件：温度为（23±2）℃，每日光照时间16 h，光照强度2 000~3 000 lx。

3. 试管薯诱导

（1）将健壮的试管苗接种到诱薯培养基上，每日弱光照8 h，培养温度15~18℃，30~40 d后收获试管薯（图20-2、图20-3）。

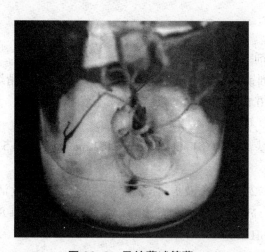

图 20-2　马铃薯试管薯

图 20-3　收获的马铃薯试管薯

（2）收获的试管薯用清水反复冲洗，用滤纸吸去表面水，装入三角瓶中用棉花塞好，置于 4℃低温贮存。

五、注意事项

1. 实验材料应选择符合品种特征、无病斑、虫蛀和机械创伤的块茎。

2. 试管薯储存过程中应注意保持水分，待其自然通过休眠后，取出播种。

六、思考题

1. 什么是马铃薯试管苗？

2. 微型变态器官有何用途？

实验 *21*
植物细胞的悬浮培养

一、实验目的

学习并掌握植物细胞悬浮培养的方法和技术。

二、实验原理

植物细胞的悬浮培养是指将植物游离的单细胞或细胞团按照一定的细胞密度悬浮在液体培养基中进行培养的方法。将外植体离体培养获得的疏松型的愈伤组织悬浮在液体培养基中，并在摇床上振荡培养一段时间后，可形成分散悬浮培养物，将其调节到适宜密度进行培养。细胞培养需要调节到一定密度是因为细胞能够合成某些对细胞分裂所必需的物质，只有当这些物质的内生浓度达到一个临界值时，细胞才能进行分裂。细胞培养过程中不断地将这些物质释放到培养基中，直到这些物质在细胞和培养基之间达到平衡才停止释放。细胞密度较高时达到平衡的时间相对较短，细胞密度处于临界密度以下时，达不到这种平衡，细胞不能分裂增殖。

良好的细胞悬浮培养体系应具备以下特征：①悬浮培养物分散性良好，细胞团较小，一般在 30 ~ 50 个细胞以下；②均一性好，细胞形状和细胞团大小大致相同，悬浮系外观为大小均一的小颗粒，培养基清澈透亮，细胞色泽呈鲜艳的乳白或淡黄色；③细胞生长迅速，悬浮细胞的生长量一般 2 ~ 3 d 甚至更短时间便可增加一倍。

在液体悬浮培养过程中应注意及时进行细胞继代培养，因为当培养物生长到一定时期将进入分裂的静止期。对于多数悬浮培养物来说，细胞在培养到第 18 ~ 25 d 时达到最大的密度，此时应进行第一次继代培养。在继代培养时，应将较大的细胞团块和接种物残渣除去。若从植物器官或组织开始建立细胞悬浮培养体系，就包括愈伤组织的诱导、继代培养、单细胞分离和悬浮培养。目前这项技术已经广泛应用于细胞的形态、生理、遗传、凋亡等研究工作，特别是为基因工程在植物细胞水平上的操作提供了理想的材料和途径。经过转化的植物细胞再经过诱导分化形成植株，即可获得携带有目标基因的个体。

三、实验用品

1. 实验材料

花生愈伤组织。

2. 主要仪器和试剂

超净工作台、高压灭菌锅、旋转式摇床、水浴锅、倒置显微镜、电子天平、药匙、称量纸、镊子、酒精灯、火柴、棉球、三角瓶、移液器、pH 计、恒温培养室、漏斗、不锈钢筛、血球计数板。0.1% 酚藏花红溶液，0.1% 荧光双醋酸酯溶液等。

3. 培养基

MSB_5；$MSB_5 + 10.0$ mg/L 2,4-D；$MS + 10.0$ mg/L 2,4-D。

四、实验步骤

1. 愈伤组织的诱导和获得

将花生成熟种子进行表面杀菌后，接种于 MSB_5 培养基上培养。以 5~7 d 龄胚小叶为外植体，培养在 $MSB_5 + 10.0$ mg/L 2,4-D 培养基上，诱导愈伤组织。

2. 细胞的悬浮培养

（1）在无菌条件下，用镊子将愈伤组织夹取出来，放入含有液体培养基（$MS + 10.0$ mg/L 2,4-D，10~15 mL）的三角瓶中并轻轻夹碎，每瓶接种 1~1.5 g 愈伤组织。

（2）将已接种的三角瓶置于旋转式摇床上。在 100 r/min，25~28℃条件下，进行振荡培养。

（3）经 6~10 d 培养后，向培养瓶中加新鲜培养基 10 mL，必要时可用大口移液管将培养物分装成两瓶，继续培养。可进行第一次继代培养（图 21-1）。

图 21-1　花生悬浮培养物

（4）悬浮培养物的过滤：按步骤（3）继代培养几代后，培养液中应主要由单细胞和小细胞团（不多于 20 个细胞）组成，若仍含有较大的细胞团，可用适当孔径的金属网筛过滤，再将过滤后的悬浮细胞继续培养。

（5）细胞计数：取一定体积的细胞悬液，稀释 2 倍混匀后，取一滴悬液置入血细胞计数板上计数。

（6）制作细胞生长曲线：为加深对悬浮培养细胞生长动态的了解，可用以下方法绘制生长曲线图。

① 鲜重法：在继代培养的不同时间，取一定体积的悬浮培养物，离心收集后，称量细胞的鲜重，以鲜重为纵坐标，培养时间为横坐标，绘制细胞鲜重生长曲线。

② 干重法：可在称量鲜重之后，将细胞进行烘干，再称量干重，以干重为纵坐标，培养时间为横坐标，绘制细胞干重生长曲线。

上述两种方法均需每隔 2 d 取样 1 次，共取 7 次。每个样品重复 3 次，整个实验进行期间不再往培养瓶中换入新鲜培养液。

（7）细胞活力的检查：在培养的不同阶段，吸取 1 滴细胞悬浮液，放在载玻片上，滴 1 滴 0.1% 的酚藏花红溶液（用培养基配制）染色，在显微镜下观察，活细胞均不着色，而死细胞则很快被染成红色。也可用 0.1% 荧光双醋酸酯溶液染色，活细胞将在紫外线诱发下显示蓝绿色荧光，也可根据细胞形态、胞质环流判别细胞的死活。

（8）细胞再生能力的鉴定：将培养细胞转移到琼脂固化的培养基上，使其再形成愈伤组织，进而在分化培养基上，诱导植株的分化。

五、注意事项

1. 上述步骤均需无菌操作，培养基、用具、器皿等要高压灭菌后方可使用。

2. 如果培养液混浊或呈现乳白色，表明已污染。

3. 每次继代培养时，应在倒置显微镜下观察培养物中各类细胞及其他残余物的情况以有意识地留下圆细胞，弃去长细胞。

六、思考题

1. 良好的细胞悬浮培养体系应具备什么特征？

2. 怎样检测细胞的活力？

实验 22
植物原生质体的分离与培养

一、实验目的

学习掌握植物原生质体的酶解处理、纯化、培养等方法技术。

二、实验原理

原生质体是指除去细胞壁的"裸露"的球形细胞，由于没有细胞壁的障碍，可以利用人工的方法诱导原生质体融合，也可以作为遗传转化的受体，从外界摄取 DNA、染色体、细菌、病毒、细胞器和质粒等。原生质体也是分离细胞器的理想材料，可用于基础理论研究，这些技术的成功应用依赖于原生质体植株再生体系的建立。

要进行原生质体培养，首先要去除细胞壁，因为细胞壁的主要成分是纤维素、半纤维素和果胶质，因此酶解液中主要含有纤维素酶和果胶酶（或离析酶）。果胶酶或离析酶能降解植物组织细胞的中胶层，从而达到细胞分离的目的；纤维素酶能降解细胞壁的纤维素，从而使细胞壁解离，获得原生质体。此外，离体原生质体的一个基本属性是渗透破损性。因此，酶解液、原生质体洗涤液及培养基中都需要加入适量的渗透压稳定剂（如甘露醇、山梨醇、葡萄糖、蔗糖等）。并且，为防止质膜破坏，提高原生质体的稳定性与活性，酶解液中还需要添加 MES 和 $CaCl_2 \cdot 2H_2O$ 等细胞质膜稳定剂。

原生质体的纯化方法有：①漂浮法。酶解液用相对分子质量较大的蔗糖作为渗透压稳定剂，酶解液经粗过滤后于离心管中低速离心，原生质体将漂浮于表面。缺点是比原生质体小的细胞器、杂质等也会漂浮于表面，与原生质体混合一起。②沉降法。酶解液用相对分子质量较小的甘露醇作为渗透压稳定剂，酶解液经粗过滤后于离心管中低速离心，原生质体会沉降于管底。缺点是比原生质体大的组织、细胞团也会沉到底部，与原生质体混合一起。③界面法。用蔗糖作为漂浮剂，放于离心管底部，用甘露醇作为酶解液渗透压稳定剂，经粗过滤后，慢慢加于漂浮剂之上，离心，原生质体位于两界面中，比原生质体大的组织等会沉到离心管的最底部，比原生质体小的细胞器等留在酶液中，界面是纯净的原生质体。

三、实验用品

1. 实验材料

胚性愈伤组织、悬浮细胞、胚状体、叶柄或叶片等，1 g 左右。

2. 主要仪器和试剂

灭菌锅、超净工作台、摇床、pH 计、离心管、电子天平、倒置显微镜、血细胞计

● 视频 22-1
酶液的配制 •

数板、过滤器（滤膜为 0.22 ~ 0.25 μm）、三角瓶、移液管、培养皿、蒸发皿、100 目不锈钢过滤网、Parafilm 封口膜、酒精灯、记号笔、火柴、脱脂棉等。

实验所需试剂如表 22-1 至表 22-4 所示：

· 表 22-1 酶溶液的组成（A 液，活力较弱，适合容易解离的叶柄等）

组成成分	含量及 pH	质量 /50 mL	质量 /100 mL
Cellulase R-10（纤维素酶）	0.4%	0.2 g	0.4 g
Macerozyme R-10（离析酶）	0.2%	0.1 g	0.2 g
甘露醇	0.6 mol/L	5.465 g	10.93 g
$CaCl_2 \cdot 2H_2O$	0.5%	0.250 g	0.5 g
MES	5 mmol/L	0.053 5 g	0.107 g
pH	5.8	—	—

· 表 22-2 酶溶液的组成（B 液，活力较强，适合难解离的胚性愈伤组织等）

组成成分	含量及 pH	质量 /50 mL	质量 /100 mL
Cellulase RS（纤维素酶）	2.0%	1.0 g	2.0 g
Pectolyase Y-23（果胶酶）	0.1%	0.05 g	0.1 g
甘露醇	0.6 mol/L	5.465 g	10.93 g
$CaCl_2 \cdot 2H_2O$	0.5%	0.250 g	0.5 g
MES	5 mmol/L	0.053 5 g	0.107 g
pH	5.8	—	—

· 表 22-3 蔗糖精制溶液的组成

组成成分	质量分数	质量 /100 mL
蔗糖	20% ~ 25%	20 ~ 25 g

· 表 22-4 原生质体洗净液（W_5）的组成

组成成分	浓度及 pH	质量 /250 mL	质量 /500 mL
$CaCl_2 \cdot 2H_2O$	125.0 mmol/L	4.594 5 g	9.189 g
NaCl	154.0 mmol/L	2.250 g	4.500 g
KCl	5.0 mmol/L	0.093 g	0.187 g
葡萄糖	5.0 mmol/L	0.225 5 g	0.451 g
MES	5.0 mmol/L	0.266 5 g	0.533 g
pH	5.8	—	—

3. 培养基

（1）原生质体液体培养基　初始培养基添加 0.3 ~ 0.6 mol/L 甘露醇或山梨醇。3 ~ 4

周后更换新的培养基，甘露醇或山梨醇浓度减半。再培养 3 周左右用不含有甘露醇或山梨醇的液体培养基进行培养，添加适量水解酪蛋白、酵母提取液等有机物有利于细胞分裂。

（2）固体培养基　培养基中添加适量激素，促使愈伤组织生长及再生；培养基中添加激素的种类及浓度因植物不同而异，可参照该植物品种细胞及组织培养中激素的使用。

四、实验步骤

1. 酶解处理

（1）将培养皿中加 10 mL 酶溶液（表 22-1、表 22-2）。

（2）胚性愈伤组织或悬浮细胞用刀片切碎；胚状体、叶柄或嫩茎切成薄片；叶片撕掉下表皮，很难撕掉下表皮的叶片切成细条，浸渍于酶溶液中。

（3）培养皿封口后，置于温度为 25 ~ 27℃黑暗条件下处置。因材料和酶的种类及浓度不同，处置时间有很大差异，最短 3 ~ 4 h，最长需 20 h 以上。最后 2 h 置于摇床上，45 r/min 进行振荡处理，使原生质体充分从组织上游离下来。

2. 原生质体的纯化（界面法）

（1）酶溶液处理结束后，用不锈钢丝网粗过滤，除掉未消化组织。

（2）离心管中加 2 mL 20% ~ 25% 蔗糖溶液（表 22-3），再将酶溶液沿离心管壁缓慢加入，使之悬浮于蔗糖精制溶液之上（图 22-1A）。

（3）以 350 g 的转速离心 10 min，原生质体位于两界面（图 22-1B）。

（4）用移液管将原生质体收集于新的离心管。

🅔视频 22-2
酶解处理

🅔彩图 22-1
未彻底解离的原生质体

🅔视频 22-3
界面法纯化原生质体

🅔视频 22-4
待离心样品的平衡

🅔视频 22-5
离心机的使用方法

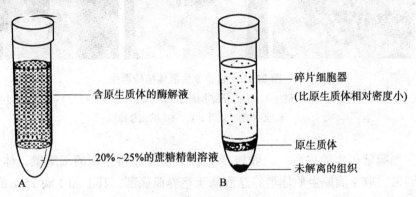

图 22-1　原生质体的纯化

A. 离心前；B. 离心后

图中标注：含原生质体的酶解液；20% ~ 25% 的蔗糖精制溶液；碎片细胞器（比原生质体相对密度小）；原生质体；未解离的组织

3. 原生质体的洗涤

（1）将盛有原生质体的离心管中加 W_5 洗涤液（表 22-4）。

（2）150 g 的转速离心 5 min。

（3）用移液管将上清液吸掉，用 W_5 洗涤液洗 2 遍，液体培养基洗 1 遍，即可用于培养。

4. 原生质体培养（液体浅层培养法）

在倒置显微镜下用血细胞计数板观察并计数原生质体密度，用液体培养基将原生质体密度调整至 10^4 ~ 10^5 个 /mL，置于 25℃黑暗条件下培养。

在液体培养基中原生质体形成小愈伤组织达直径1~2 mm时，将其转移到固体培养基上培养，诱导不定芽分化或体细胞胚形成（图22-2）。

5. 培养结果的观察

（1）原生质体的活力测定　凡具有活力的原生质体均呈圆球形（图22-2），有的可在倒置显微镜下观察到明显的胞质环流运动，可用酚藏花红溶液染色，在显微镜下观察，方法参照实验21。

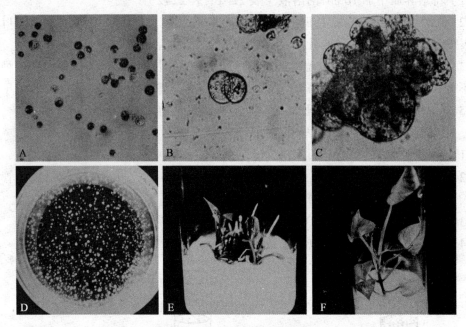

彩图 22-2
甘薯原生质体植株再生

图22-2　甘薯原生质体植株再生

A. 分离的原生质体；B. 细胞分裂；C. 细胞分裂形成的细胞团；D. 形成直径为1~2 mm的小愈伤组织；
E. 形成的不定芽；F. 再生的完整植株

（2）细胞壁再生的观察　一般培养1~2 d后开始再生新的细胞壁，体积增大，细胞呈椭圆形。取1滴原生质体培养悬液滴于培养皿底部，其上加1滴25%的蔗糖溶液，在显微镜下观察，再生新壁的细胞会发生质壁分离。

（3）细胞分裂的观察　细胞初始分裂的时间因培养物不同而不同，一般培养2~8 d细胞开始分裂，可用倒置显微镜进行观察。培养2周后，调查植板率。

$$植板率 = （形成细胞团数 / 细胞总数）\times 100\%$$

五、注意事项

酶见光容易失去活性，在酶溶液配制以及材料酶解处理过程中都应避光，并且酶在高温下失活，因此用过滤法进行灭菌。

六、思考题

1. 纯化原生质体的方法有哪些？

2. 你认为影响原生质体再生的主要因素是什么？

实验 *23*
原生质体融合与培养

一、实验目的

学习掌握利用聚乙二醇（PEG）诱导原生质体融合的方法和电融合方法。

二、实验原理

体细胞杂交是指两种异源原生质体，在特定的物理或化学因子作用下，发生膜融合、胞质融合和核融合并形成杂种细胞，进一步发育成杂种植物体。理论上讲，利用融合方法，可以将任何两种原生质体融合在一起，克服植物有性杂交不亲和性，打破物种之间的生殖隔离，扩大遗传变异。例如，植物野生种对病虫害一般具有高抗性或免疫力，以及其他优良品质性状。但许多野生种与植物栽培种杂交不亲和，这就限制了这些野生种质资源的利用。采用细胞融合方法能够克服其杂交不亲和性，并且通过细胞融合技术能够产生各种不同遗传组成的体细胞杂种，获得各种各样的新种质，为育种提供材料。

目前植物细胞融合的方法主要有 PEG 法和电融合法。PEG 法由于成本低，无须特殊设备，操作简单，一直被广泛应用。PEG 融合法的作用机制目前尚不清楚，有研究者认为：由于 PEG 分子具有轻微的负极性，可以与具有正极性的水、蛋白质、糖类等形成氢键，从而在原生质体之间形成分子桥，使原生质体发生粘连而促进融合（图 23-1）；此外，PEG 能增加类脂膜的流动性，使核、细胞器发生融合。

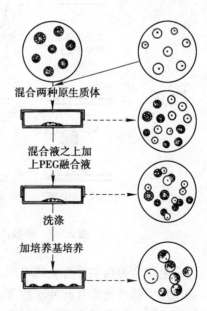

混合两种原生质体

混合液之上加上PEG融合液

洗涤

加培养基培养

图 23-1　PEG 融合法细胞融合的基本过程

电融合是 20 世纪 70 年代末 80 年代初发展起来的一项新的细胞融合技术。电融合法不存在对细胞的毒害问题，融合效率高，操作简便，但需要比较昂贵的电融合仪。电融合的基本过程可分为两个阶段：①细胞膜的接触，当原生质体置于电导率很低的溶液时，电场通电后，电流即通过原生质体而不是通过溶液，其结果是原生质体在电场作用下极化而形成偶极子，从而使原生质体沿电场线移动，紧密接触排列成串（图 23-2）。②膜的击穿，原生质体成串排列后，立即给予高频率直流脉冲，就可以使原生质膜击穿，从而导致两个紧密接触的细胞融合在一起（图 23-2、图 23-3）。脉冲次数要适当，次数过多容易造成多个细胞的融合，同时也会造成膜的过度伤害而不能修复。

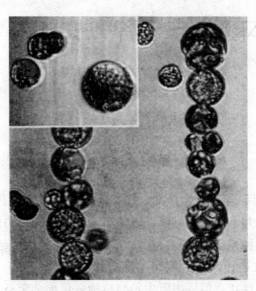

图 23-2　电融合法原生质体排列成的串珠状和融合细胞（左上）（大澤勝次，1994）

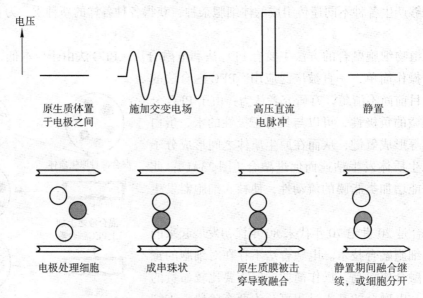

图 23-3　电融合法细胞融合的基本过程（大澤勝次，1994）

电融合参数主要有交流电压、交变电场的振幅频率、交变电场的处理时间、直流高频电压、脉冲宽度和脉冲次数等。往往因融合仪不同及植物种类不同参数有所区别。

非对称细胞融合是指利用物理或化学方法使某亲本的细胞核或细胞质失活后再进行融合。将一方原生质体用 X 射线、γ 射线、紫外线等照射，破坏细胞核；另一方原生质体用碘乙酰胺（IOA）、罗丹明（R-6-C）等处理，使细胞质失活。然后将两种原生质体进行融合，这样可获得具有一方细胞质而具有另一方细胞核的杂种（图 23-4）。

原生质体的融合过程（包括各种融合）：首先是膜的融合，在瞬间完成；细胞质融合发生在膜融合后的数小时；核融合可能发生在细胞间期，也可能发生在第一次同步分裂过程中。

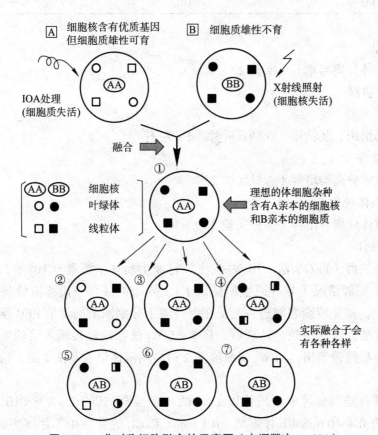

图 23-4　非对称细胞融合的示意图（大泽勝次，1994）

三、实验用品

1. 实验材料

胚性愈伤组织、悬浮细胞、胚状体、叶柄或叶片等，1 g 左右。

2. 主要仪器和试剂

灭菌锅、超净工作台、摇床、电融合仪、pH 计、离心管、电子天平、倒置显微镜、血细胞计数板、过滤器（滤膜为 0.22～0.25 μm）、三角瓶、移液管、培养皿、蒸发皿、100 目不锈钢过滤网、Parafilm 封口膜、酒精灯、记号笔、火柴或打火机、脱脂棉等。

所需主要试剂为酶溶液、原生质体洗涤液、蔗糖精制液等与原生质体分离、培养（实验 22）相同；PEG 融合液见表 23-1。

组成	含量及 pH	质量 /100 mL
PEG6000	30%	30 g
Ca（NO$_3$）$_2$·4H$_2$O	0.1 mol/L	2.362 g
甘露醇	0.6 mol/L	10.930 g
pH	10.0	—

3. 培养基

同原生质体分离与培养（实验 22）。

四、实验步骤

1. 材料

胚性愈伤组织、胚状体、叶柄或叶片，1 g 左右。

2. 酶解处理

同原生质体分离与培养（参见实验 22）。

3. 原生质体纯化

同原生质体分离与培养（参见实验 22）。

4. 细胞融合

（1）聚乙二醇（PEG）法 用 W$_5$ 洗涤液将原生质体浓度调至 10^6 个 /mL →混合异种原生质体，一般情况下异种原生质体以 1∶1 的比例混合→用移液管将混合液轻轻滴入培养皿中，避免液滴之间连一起，在混合液上分别滴上同量的 PEG 融合液，静置 10 min，进行融合处理→融合处理后，将 5 mL W$_5$ 洗涤液轻轻滴入培养皿中，轻轻摇动，2~3 min 后慢慢吸出，用 W$_5$ 洗涤液洗 2 遍，用液体培养基洗 1 遍，清除融合液→用于培养。

（2）电融合法 异种原生质体以 1∶1 的比例混合，以（2~8）×10^4 个 /mL 的密度悬浮于含有 0.4~0.6 mol/L 甘露醇，0.1 mol/L CaCl$_2$ 的悬液中（甘露醇保持渗透压，CaCl$_2$ 使溶液保持一定的电导率），置于融合槽内。

电融合的过程：第一步，对融合槽的两极施加交变电场（一般 0.5~1.0 MHz，150~250 V/cm），使原生质体偶极化而沿电场线方向泳动，并相互吸引排列成"串珠"状；第二步，用一次或多次瞬间高压直流电脉冲（10~50 μs，1~3 kV/cm），使质膜可逆性穿孔，相连的质膜瞬间被击穿后，又迅速连接闭合，恢复成嵌合质膜而融为一体。融合完毕后，用原生质体培养基洗涤，即可用于培养。

5. 融合处理细胞培养

同原生质体分离与培养（参见实验 22）。

6. 融合及培养结果的观察

（1）原生质体融合过程的观察 取两种原生质体的混合液滴在培养皿底部，置于倒置显微镜下，找到视野后，其上滴一滴 PEG 融合液，迅速观察融合过程（一般只有几秒钟的时间），可利用显微设备进行照相或录像（图 23-5）。

（2）细胞壁再生的观察　参见实验 22。

（3）细胞分裂的观察　参见实验 22。

7. 体细胞杂种鉴定

（1）植物形态特征、特性鉴定　以融合两亲为对照，比较再生植株的形态特征、特性。如花的形状、颜色，叶片的形状和大小等（图 23-6）。

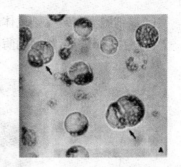

图 23-5　PEG 法正在融合的细胞

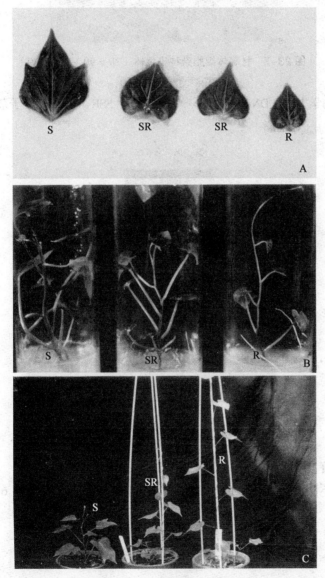

图 23-6　体细胞杂种形态特征

A. 叶片；B. 试管苗；C. 盆栽苗

S. 甘薯；R. 近缘野生种；SR. 体细胞杂种

（2）细胞学鉴定 染色体的数目、大小、形态等（图23-7）。

（3）生化分析 如同功酶鉴定等。

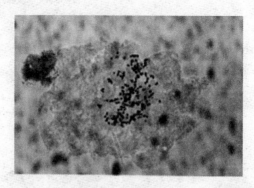

图23-7 甘薯体细胞杂种染色体（$2n = 90 + 90 = 180$）

（4）分子生物学方法 DNA水平鉴定，如RAPD、SSR、AFLP、分子杂交等（图23-8）。

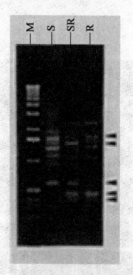

图23-8 体细胞杂种RAPD检测图

M. Marker；S. 甘薯；SR. 体细胞杂种；R. 近缘野生种

五、注意事项

聚乙二醇有不同的类型，应选择细胞融合用聚乙二醇6000（PEG 6000）。

六、思考题

细胞融合的方法有哪些？各有什么特点？

实验 24
植物离体诱变及突变体的筛选
——花生胚小叶离体诱变与耐盐突变体的筛选

一、实验目的

学习掌握花生胚小叶离体诱变与耐盐突变体的筛选，了解植物离体诱变育种的方法。

二、实验原理

遗传与变异是自然界基本生命现象之一，是植物进化与育种的基础。外植体经组织、细胞培养的脱分化和再分化过程，表现于再生植株中的变异称作体细胞无性系变异（somaclonal variation）。体细胞无性系变异的产生没有种属特异性，其绝大多数变异是可遗传的，因而对植物品种改良和选育新品种具有重要的意义。

1. 自发变异

自发变异大体上有两种来源，其一是外植体中已存在的、于再生植株中表达出来的变异，嵌合体是这类变异的一个重要来源，一般由多种类型的细胞组成，其染色体倍性水平也并不一致，因而组织培养中嵌合体的分离也会导致变异的出现（图24-1）。其二是培养条件引起的变异，如培养基中添加的激素，形成愈伤组织过程中，细胞分裂异常、环境条件的改变（温度、光照时间及强度与原来生长环境不同）等。

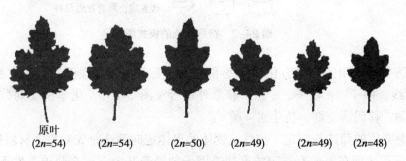

原叶
(2n=54)　(2n=54)　(2n=50)　(2n=49)　(2n=49)　(2n=48)

图 24-1 菊花原生质体培养再生植株的变异叶片（嵌合性）

2. 诱发变异

自发变异频率较低，为增加变异频率通常进行诱发变异。利用体细胞无性系变异结合诱变育种技术简称为离体诱变。离体诱变与自发变异相比可增加变异频率，与常规诱变育种相比具有以下优点：①可增加选择概率，使各种变异充分表现，并克服突变细胞与非突变细胞的嵌和现象；②诱变材料不受季节限制；③可在小空间内对大量个体进行筛选，采用定向选择，可节省人力物力。

离体诱变育种主要包括诱变、再分化、筛选与鉴定（图24-2）。

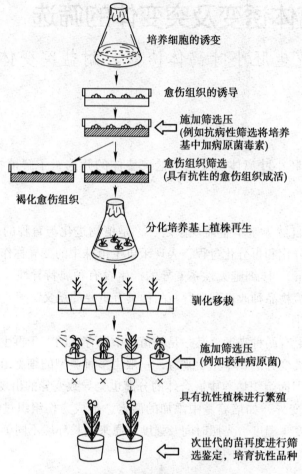

培养细胞的诱变

愈伤组织的诱导

施加筛选压
(例如抗病性筛选将培养
基中加病原菌毒素)

愈伤组织筛选
(具有抗性的愈伤组织成活)

褐化愈伤组织

分化培养基上植株再生

驯化移栽

施加筛选压
(例如接种病原菌)

具有抗性植株进行繁殖

次世代的苗再度进行筛
选鉴定，培育抗性品种

图 24-2　细胞筛选的模式图

（1）诱变　常用的方法有化学诱变和物理诱变两种。物理诱变方法主要包括 X 射线、γ 射线、中子、β 粒子、α 粒子和紫外线等（图24-3）。化学诱变剂分为烷化剂、碱基类似物、移码诱变剂、抗生素 4 类。

（2）突变体的筛选与鉴定　抗性突变体的离体定向筛选是先对培养材料进行诱变处理，然后将其接种在添加有一定浓度胁迫因子的培养基中，或在胁迫条件下进行培养。主要有以下几种方法：

① 直接筛选法：通过向培养基加入如氯化钠、病菌毒素、除草剂等选择压力，或采用冷、热等条件处理，获得抗性愈伤组织或抗性细胞系，然后经过再生获得抗性突变体植株。

图 24-3　菊花辐射诱变育成的新品种（大泽胜次，1994）
左：原品种（圈内）和变异株；右：育成的新品种

② 间接筛选法：是借助与突变表现型有关的性状作为选择指示的"间接筛选法"。当缺乏直接选择表型指标或直接选择条件对细胞生长不利时，可以考虑采用间接筛选法。如脯氨酸（Pro）可作为耐干旱、耐寒筛选因素，培养基中添加脯氨酸，能耐超常量的 Pro 的细胞即可能为突变系。

③ 芯片等技术的发展，在突变体生化和分子水平上的筛选将会变得普遍和实用。

总之，每种方法都有优缺点，要得到可靠的筛选结果，往往需要联用，最终需要在特定环境下进行田间鉴定。

三、实验用品

1. 实验材料

花生胚小叶。

2. 主要仪器和试剂

超净工作台、电子天平、培养箱、pH 计、高压蒸汽灭菌器、酒精灯、棉球、三角瓶、火柴或打火机。BAP、NAA、2,4-D、EMS、Na_2HPO_4、NaH_2PO_4、0.1% 氯化汞、75% 乙醇、无菌水等。

3. 培养基

（1）基本培养基　MSB_5 培养基（MS 的无机盐成分和 B_5 的有机成分）。

（2）体胚诱导培养基　MSB_5 + 5 ~ 20 mg/L 2,4-D。

（3）体胚萌发培养基　MSB_5 + 4 ~ 5 mg/L BAP。

（4）生根培养基　1/2 MSB_5 + 0.5 mg/L NAA。

以上培养基中均添加 3% 蔗糖和 0.8% 琼脂，pH 5.8。

四、实验步骤

1. 胚小叶的制备

选取粒大饱满的花生种子去子叶，所得种胚进行表面消毒，置于 25℃培养箱中，无菌水浸泡 16 ~ 18 h 后切取胚小叶。

2. 诱变剂的制备

（1）配制贮液 I　1 mol/L 的 NaH_2PO_4 溶液；贮液 II：1 mol/L Na_2HPO_4 溶液。

（2）取 92.1 mL 的贮液Ⅰ和 7.9 mL 的贮液Ⅱ混合，定容至 1 L，得 pH 5.8 的 0.1 mol/L 磷酸缓冲液，121℃，0.1 MPa 灭菌 15 min。

（3）用 0.1 mol/L 磷酸缓冲液配制所需浓度的 EMS 溶液，即配即用。

3. 离体培养材料的诱变

（1）在超净工作台上将浸泡好的胚小叶分别浸泡于 0.2%～0.4% 的 EMS 溶液中处理 1～2 h，之后用无菌水冲洗 3～5 遍，接种于体胚诱导培养基上。以磷酸缓冲液为对照。

（2）暗培养 15 d 后移至光培养，光照强度为 1 500～2 000 lx，光照时间为 16 h/d，温度为（25±3）℃。

ⓔ 视频 24-1
花生胚小叶的离体培养

（3）取带有体胚的外植体，接种到体胚萌发培养基上培养，2 个月后统计植株再生率，筛选出 EMS 适宜浓度和时间（通常以半致死剂量条件作为最适条件）。

ⓔ 彩图 24-1
体胚形态

$$体胚诱导率（\%）=（产生体胚的外植体数 / 接种的外植体数）\times 100\%$$
$$体胚萌发率（\%）=（萌发的体胚数 / 接种的体胚数）\times 100\%$$

4. 突变体的筛选与鉴定

（1）耐盐定向筛选，培养基中添加 15～25 g/L NaCl。

（2）抗旱定向筛选，培养基中添加 8～10 mmol/L 羟脯氨酸。

（3）突变体的鉴定方法包括：形态学及田间抗性鉴定、生理生化方法（同工酶谱的差别）、分子生物学方法等。

五、注意事项

EMS 是剧毒诱变剂，在整个诱变过程，包括药品配制、操作处理、保存等都要严守安全，不能接触皮肤；所有接触过 EMS 的器皿，用大量水冲洗洗涤，或用 100 g/L NaS_2O_3 溶液浸泡过夜，再用清水冲洗干净。

六、思考题

1. 常用的诱变方法有哪些？

2. 突变体筛选过程中应注意哪些问题？

实验 *25*
植物材料的超低温保存

一、实验目的

学习掌握植物材料超低温保存的实验原理与基本操作技术。

二、实验原理

超低温保存法是将植物活体材料安全存放在超低温条件下（液氮，−196℃）长期保存，待需要时通过一定方式将其回复到常温状态，并确保其能够正常生长的一套技术。在超低温条件下，几乎所有的细胞代谢活动和生长过程都停止进行，而细胞活力和形态发生的潜能可保存，这样植物材料处于相对稳定的生物学状态，从而可以达到长期保存种质的目的。

保存材料的冷冻方法有直接快速冷冻法、慢速冷冻法、玻璃化冷冻法，而玻璃化冷冻是最常用的方法之一。玻璃化是指液体转变为非晶体（玻璃态）的固化过程。溶液玻璃化的途径：一是提高冷却速度；二是增加溶液浓度。当保护剂达到一定溶液浓度时，容易形成玻璃态。溶液在降温时，如果缺乏均一晶核生长条件或生长所需的足够时间，就首先成为过冷的溶液，它是低于冰点而不结冰的液态。继续降温，均一晶核开始形成，此时的温度称为均一晶核形成温度，也称为过冷点。继续降温过程中如果降温速度不够快，则在保存的植物材料中形成尖锐的冰晶；若快速降温，植物材料中的均一晶核就很少或几乎没有形成，溶液就进入一种无定型的玻璃化状态。

大部分冰冻保护剂都可以作为玻璃化溶液。将保存材料经玻璃化溶液急速脱水后，直接投入液氮，使植物材料连同玻璃化溶液发生玻璃化转变，进入玻璃化状态。此间水分子没有发生重排，不形成冰晶，也不产生结构和体积的变化，因而不会由于细胞内结冰造成机械损伤或溶液效应而伤害组织和细胞，保证快速解冻后细胞仍有活力。

三、实验用品

1. 实验材料

无菌植物再生小苗。

2. 主要仪器和试剂

超净工作台、液氮罐、移液器、水浴锅、pH计、解剖镜、冷冻管、电子天平、培养皿、培养瓶、酒精灯、光照培养箱、高压灭菌锅。蔗糖、琼脂、二甲基亚砜（DMSO）、甘油、乙烯乙二醇等。

四、实验步骤

1. 冷锻炼与预培养

将欲保存的植物材料进行4℃冷锻炼1周后，从其上取茎尖生长点（带2~3个叶原基），接种在 MS + 0.4 mol/L 蔗糖的培养基上，在25℃条件下光照预培养3 d。

2. 装载（loading）操作

将预培养后的外植体和装载液（MS + 0.4 mol/L 蔗糖 + 2.0 mol/L 甘油）置于冻存管中于室温下处理20~30 min。

3. 脱水处理

将装载液从冻存管中吸出，加上冰冻保护剂"PVS$_2$"（300 g/L 甘油，150 g/L 乙烯乙二醇，150 g/L 二甲基亚砜，用含 1.4 mol/L 蔗糖的 MS 培养基配置），于25℃下进行外植体保护脱水处理60 min。

4. 冷冻

将冰冻保护剂"PVS$_2$"吸出后，重新加入新的冰冻保护剂后，冻存管立即投入到液氮（−196℃）中保存。

5. 化冻处理

将冷冻后的材料取出，立即投入到40℃水浴中快速化冻3 min，避免化冻过程中对外植体的第二次危害。

6. 去除保护剂

将化冻后的材料用 MS + 1.2 mol/L 的蔗糖溶液洗涤20 min，以去除残留的冰冻保护剂。

7. 恢复培养

将洗涤后的材料转接至恢复培养基上，暗培养两周后转移至正常培养基上（图25-1）正常光照培养，培养条件：25℃，每日光照13 h，光照强度3 000 lx。

彩图25-1
马铃薯茎尖超低温保存后的恢复培养

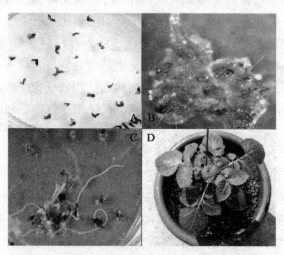

图25-1　马铃薯茎尖超低温保存后的恢复培养

A. 恢复培养3 d 后的茎尖；B. 恢复培养获得愈伤组织；C. 生根的再生植株；D. 驯化移栽后的小苗

五、注意事项

1. 液氮具有很强的腐蚀和危害性，要注意安全。

2. PVS$_2$ 具有较强的毒性，应严格控制脱水过程及冰冻保护剂的渗透性。

六、思考题

为什么在化冻时要在 35～40℃的水浴中快速化冻而不能慢速化冻？

第二篇

动物细胞工程

实验 26
细胞培养液（基）的配制

一、实验目的

熟练掌握培养基（RPMI-1640）的配制，了解其他培养基的配制方法。

二、实验原理

动物细胞的离体生长需要一定的营养环境。用于维持细胞生长的营养基质称为培养基，即指所有用于各种目的的体外培养、保存细胞用的物质；其人工模拟体内生长的营养环境，使细胞在此环境中有生长和繁殖的能力，它是提供细胞营养和促进细胞生长增殖的物质基础。使用的培养基一般是由合成培养基和小牛血清配制而成。合成培养基有商品出售，它是根据细胞生长的需要按一定配方制成的粉状物质，其主要成分是氨基酸、维生素、碳水化合物、无机离子和其他辅助物质，它的酸碱度和渗透压与活体内细胞外液相似。小牛血清含有一定的营养成分，更重要的是它含有细胞生长所必需的生长因子、激素、贴附因子等，这是合成培养基所无法替代的，此外它还能中和有毒物质的毒性，故一般体外培养细胞时要加入一定量的小牛血清（10% ~ 20%）。

三、实验用品

过滤器、蠕动泵、蒸馏器、高压灭菌锅、磁力搅拌器、水浴锅、培养瓶、pH 试纸、孔径 0.22 μm 的微孔滤膜、电子天平、药匙、称量纸、盐酸、无离子水、小牛血清、合成培养基（RPMI-1640）、青霉素、链霉素、$NaHCO_3$、谷氨酰胺。

四、实验步骤

1. 准备

清洗好过滤器，干燥，放入一张孔径 0.22 μm 的微孔滤膜，用布包装好，121℃进行高压灭菌处理 20 min。在超净工作台内安装好过滤装置，准备过滤。

2. 合成培养基的配制

（1）将去离子水用蒸馏器进行重新蒸馏（去除无机和有机杂质），制 3 000 mL 三蒸水。三蒸水应及时使用，如果放置一段时间，则使用前必须高压灭菌处理。

（2）待水温降至 15 ~ 30℃，将干粉型培养基溶于总量 1/3 的三蒸水中，再用 1/3 水冲洗包装内面两次，倒入培养液中，用磁力搅拌器搅拌 20 min 使之充分溶解。

（3）根据产品说明的要求和实验需求补加 $NaHCO_3$ 和谷氨酰胺。

（4）加抗生素：最终浓度青霉素为 100 U/mL，链霉素 100 U/mL。一般市售青霉素为 80 万 U/ 瓶，将其溶解在 4 mL 三蒸水体积内，每 1 000 mL 培养液中加 0.5 mL，即成最终含量为 100 U/mL。市售链霉素为 100 万 U/瓶，将其溶解在 5 mL 三蒸水体积内，也是每 1 000 mL 加 0.5 mL，使其最终含量为 100 U/mL。

（5）调节 pH 至 7.0 ~ 7.2（用 5% $NaHCO_3$ 调节）。

（6）容量瓶定容。

（7）过滤灭菌。

（8）分装于玻璃瓶中，4℃冰箱保存备用。使用时加血清。

3. 小牛血清的处理

市场上出售的小牛血清一般做了灭菌处理，但在使用前还应做热灭活处理，即通过加热的方法破坏补体。

（1）将血清放入 56℃水浴 30 min，其间要不时轻轻晃动，使受热均匀，防止沉淀析出。

（2）处理后的血清贮存于 4℃。

4. 生长培养基的配制

除无血清培养之外，各种合成培养基在使用前需加入一定量的小牛血清（10% ~ 20%）。

五、注意事项

1. 培养液配好后，要先抽取少许放入培养瓶内在 37℃温箱内置 24 ~ 48 h，以检测培养液是否有污染，然后再用于实验。

2. 配制培养液所需血清的质量要合格并保持稳定。一个批号试用效果良好后，就可一次购入较多同一批号的血清，这样实验条件稳定，配液时调整 pH 较易。

3. 过滤时压力不要太大，否则细菌易滤过达不到除菌效果，或使滤膜破裂。分装时需根据使用量的多少分装于大小适合的瓶子中（分装量以使用 3 ~ 5 次用完为宜，并且每瓶只能装 2/3 体积的液体，过多时瓶子易爆或胶塞自喷）。

4. 滤器用毕立即刷洗，过蒸馏水，晾干收藏。

六、思考题

1. 为什么配制培养基之前要反复处理配制用水，并要事先进行高压灭菌处理？

2. 血清在细胞培养中有何作用？

3. 配制培养基时调节 pH 的目的是什么？

实验27
原代细胞的培养

一、实验目的

学习并掌握原代细胞培养的一般步骤，熟悉原代培养细胞的观察方法。

二、实验原理

细胞培养是生物学研究最常用的手段之一，可分为原代培养和传代培养两种。原代培养是直接从生物体获取细胞进行培养，由于细胞刚刚从活体组织分离出来，故更接近于生物体内的生活状态，这一方法可为研究生物体细胞的生长、代谢、繁殖提供有力的手段，同时也为以后传代培养创造条件。

三、实验用品

1. 实验材料

胎鼠或新生鼠。

2. 主要仪器和试剂

CO_2 培养箱、倒置显微镜、超净工作台、磁力搅拌器、离心机、血球计数板、水浴锅、小玻璃漏斗、三角烧瓶、平皿、吸管、试管、移液管、无菌纱布、无菌眼科剪、手术刀、镊子、废液缸、蜡盘、手术器械、大头针、离心管、电子天平、药匙、称量纸。2.5 g/L 胰蛋白酶溶液、D-Hank's 液、碘酒、乙醇、苯扎溴铵等。

3. 培养基

（1）RPMI-1640 培养基（含 10% 小牛血清）。

（2）Hank's 液配方　$CaCl_2$ 0.14 g，$MgCl_2 \cdot 6H_2O$ 0.1 g，KCl 0.4 g，KH_2PO_4 0.06 g，$MgSO_4 \cdot 7H_2O$ 0.1 g，NaCl 8.0 g，$NaHCO_3$ 0.35 g，葡萄糖 1.0 g，$Na_2HPO_4 \cdot 7H_2O$ 0.09 g，酚红 0.02 g，加水至 1 000 mL。

（3）D-Hank's 液配方　KH_2PO_4 0.06 g，NaCl 8.0 g，$NaHCO_3$ 0.35 g，KCl 0.4 g，葡萄糖 1.0 g，$Na_2HPO_4 \cdot H_2O$ 0.06 g，酚红 0.02 g，加 H_2O 至 1 000 mL。D-Hank's 液可以高压灭菌。4℃下保存。

（4）2.5 g/L 胰蛋白酶溶液　称取 0.25 g 胰蛋白酶（活力为 1∶250），加入 100 mL 无 Ca^{2+}、Mg^{2+} 的 D-Hank's 液溶解，过滤除菌，4℃保存，用前可在 37℃下回温。

四、实验步骤

1. 胰蛋白酶溶液消化法

（1）器材：将孕鼠或新生小鼠引颈处死，置75% 乙醇泡 2~3 s（时间不能过长，以免乙醇从口和肛门浸入体内），再用碘酒消毒腹部，取胎鼠带入超净工作台内（或将新生小鼠在超净工作台内）解剖取出肝，置平皿中。

（2）用 Hank's 液洗涤 3 次，并剔除脂肪、结缔组织、血液等杂物。

（3）用手术剪将肝脏剪成小块（1 mm²），再用 Hank's 液洗 3 次，转移至离心管中。

（4）视组织块量加入 5~10 倍的 2.5 g/L 胰蛋白酶溶液，37℃水浴中消化 20~40 min，每隔 5 min 振荡 1 次，使细胞分离。

（5）待组织变得疏松，颜色略微发白时，加入 3~5 mL 培养液（含 10% 小牛血清）以终止胰蛋白酶消化作用（或加入胰蛋白酶抑制剂）。

（6）将离心管放入离心机中，1 000 r/min，离心 10 min，弃上清液。

（7）在离心管中加入 Hank's 液 5 mL，冲散细胞，再离心 1 次，弃上清液。

（8）加入培养液 1~2 mL（视细胞量），血细胞计数板计数。

（9）将细胞数调至 5×10^5 个 /mL 左右，转移至 25 mL 细胞培养瓶中，37℃下培养。

上述消化分离的方法是最基本的方法，在该方法的基础上，可进一步分离不同细胞。细胞分离的方法各实验室不同，所采用的消化酶也不相同（如胶原酶、透明质酶等）。

2. 组织块直接培养法

自上述方法第 3 步后，将组织块转移到培养瓶，贴附于瓶底面。翻转瓶底朝上，将培养液加至瓶中，培养液勿接触组织块，置 37℃培养箱静置 3~5 h，轻轻翻转培养瓶，使组织浸入培养液中（勿使组织漂起），37℃继续培养。

五、注意事项

1. 自取材开始，保持所有组织细胞处于无菌条件。细胞计数可在有菌环境中进行。

2. 在超净工作台中，组织细胞、培养液等不能暴露过久，以避免溶液蒸发。

3. 凡在超净工作台外操作的步骤，各器皿需用盖子或橡皮塞盖严，以防止细菌落入。

4. 操作前要洗手，进入超净工作台后手要用 75% 乙醇或 0.2% 苯扎溴铵擦拭。试剂等瓶口也要擦拭。

5. 点燃酒精灯，操作在火焰附近进行，耐热物品要经常在火焰上烧灼，金属器械烧灼时间不能太长，以免退火，并冷却后才能夹取组织，吸取过营养液的用具不能再烧灼，以免烧焦形成碳膜。

6. 操作动作要准确敏捷，但又不能太快，以防空气流动，增加污染机会。

7. 不能用手触已消毒器皿的工作部分，工作台面上用品要布局合理。

8. 瓶子开口后要尽量保持 45° 斜位。

9. 取溶液的吸管等不能混用。

六、思考题

1. 胰蛋白酶的作用是什么呢？由此可说明细胞间的物质是什么成分？胰蛋白酶能将细胞消化掉吗？

2. 将动物组织分散成单个细胞要注意什么问题呢？

实验 **28**
细胞的传代培养

一、实验目的

学习并掌握细胞传代培养的技术。

二、实验原理

细胞在培养瓶长成致密单层后，已基本上饱和，为使细胞能继续生长，同时也将细胞数量扩大，须进行传代再培养。传代培养也是一种将细胞种保存的方法，同时也是利用培养细胞进行各种实验的必经过程，悬浮细胞直接分瓶就可以，而贴壁细胞需经消化后才能分瓶。

三、实验用品

1. 实验材料

小鼠贴壁细胞株。

2. 主要仪器和试剂

CO_2 培养箱、倒置显微镜、超净工作台。2.5 g/L 胰蛋白酶溶液、75% 乙醇等。

3. 培养基

RPMI–1640 培养基（含 10% 小牛血清）。

四、实验步骤

1. 将长满细胞的培养瓶中原来的培养液弃去。

2. 加入 0.5 ~ 1 mL 2.5 g/L 胰蛋白酶溶液，使瓶底细胞都浸入溶液中。

3. 瓶口塞好橡皮塞，放在倒置镜下观察细胞。随着时间的推移，原贴壁的细胞逐渐趋于圆形，在还未漂起时将胰蛋白酶弃去，加入 10 mL 培养液终止消化（观察消化也可以用肉眼，当见到瓶底发白并出现细针孔空隙时终止消化。一般室温消化时间为 1 ~ 3 min）。

4. 用吸管将贴壁的细胞吹打成悬液，分到另外 2 ~ 3 瓶新的培养瓶中，置 37℃下继续培养。第二天观察贴壁生长情况。

五、注意事项

1. 传代培养时要注意严格的无菌操作，并防止细胞之间的交叉污染。

2. 酶解消化过程中要不断观察，消化过度会对细胞造成损害，消化不够则难于将细胞解离下来。

3. 传代后每天观察细胞生长情况，了解细胞是否健康生长：健康细胞的形态饱满，折光性好。

4. 掌握好传代时机。健康生长的细胞生长致密，即将铺满瓶底时，即可传代。

六、思考题

1. 培养瓶中的细胞培养到什么时候就停止生长和增殖？

2. 如何理解原代细胞和传代细胞？

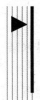

实验 *29*
细胞的冻存和复苏

一、实验目的
学习并掌握细胞冻存的方法，能熟练进行细胞冻存与复苏操作。

二、实验原理
在不加任何条件下直接冻存细胞时，细胞内、外环境中的水都会形成冰晶，能导致细胞内发生机械损伤、电解质升高、渗透压改变、脱水、pH 改变、蛋白变性等，从而引起细胞死亡。如向培养液加入保护剂，可使冰点降低。在缓慢冻结的条件下，能使细胞内水分在冻结前透出细胞。贮存在 $-130℃$ 以下的低温中能减少冰晶的形成。

细胞复苏时速度要快，使之迅速通过细胞最易受损的 $-5 \sim 0℃$，细胞仍能生长，活力受损不大。

目前常用的保护剂为二甲基亚砜（DMSO）和甘油，它们对细胞无毒性，相对分子质量小，溶解度大，易穿透细胞。

三、实验用品
1. 实验材料

小鼠细胞悬液。

2. 主要仪器和试剂

4℃冰箱、$-70℃$冰箱、液氮罐、离心机、水浴锅、微量加样器、电子天平、药匙、称量纸。2.5 g/L 胰蛋白酶溶液、含保护剂的培养基（即冻存液）等。

3. 培养基

RPMI–1640 培养基（含 10% 小牛血清）。

冻存液配制：培养基加入甘油或 DSMO，使其终含量达 5% ~ 20%。保护剂的种类和用量随细胞不同而有差异。配好后 4℃下保存。

四、实验步骤
1. 冻存

（1）消化细胞（同实验 26），将细胞悬液收集至离心管中。

（2）将离心管放入离心机中，1 000 r/min 离心 10 min，弃上清液。

（3）将沉淀加入含保护液的培养基，血细胞计数板计数，调整至 5×10^6 个 /mL 左右。

（4）将细胞悬液分至冻存管中，每管 1 mL。

（5）将冻存管口封严。若用安瓿瓶必须火焰封口，封口一定要严，否则复苏时易出现爆裂。

（6）贴上标签，写明细胞种类、冻存日期。冻存管外拴一金属重物和一细绳。

（7）按下列顺序降温：室温→4℃（20 min）→冰箱冷冻室（30 min）→低温冰箱（−30℃ 1 h）→气态氮（30 min）→液氮。

注意：操作时应小心，以免被液氮冻伤。液氮定期检查，随时补充，绝对不能挥发干净，一般 30 L 的液氮能用 1～1.5 月。

2. 复苏

（1）从液氮中取出冻存管，迅速置于 37℃温水中并不断搅动。使冻存管中的冻存物在 1 min 之内融化。

（2）打开冻存管，将细胞悬液吸到离心管中。

（3）1 000 r/min 离心 10 min，弃去上清液。

（4）沉淀后加 10 mL 培养液，吹打均匀，再离心 10 min，弃上清液。

（5）加适当培养基后将细胞转移至培养瓶中，37℃培养，第二天观察生长情况。

五、思考题

1. 细胞冻存与复苏的基本原则是什么？

2. 冻存液的作用是什么？

实验 *30*
动物细胞融合

一、实验目的

1. 了解 PEG 诱导细胞融合的基本原理。
2. 通过 PEG 诱导鸡红细胞之间的融合实验，初步掌握细胞融合技术。

二、实验原理

在诱导剂（如仙台病毒、聚乙二醇等）作用下，相互靠近的细胞发生凝集，随后在质膜接触处发生质膜成分的一系列变化，主要是某些化学键的断裂与重排，进而细胞质沟通，形成一个大的双核或多核细胞（此时称同核体或异核体）。

三、实验用品

1. 实验材料

1 龄公鸡静脉血。

2. 主要仪器和试剂

显微镜、离心机、天平、药匙、称量纸、注射器。Alsever 溶液、GKN 溶液、0.85% 生理盐水、50%PEG 溶液、双蒸水、Janus green 染液。

（1）Alsever 溶液　葡萄糖 2.05 g，柠檬酸钠 0.80 g，NaCl 0.42 g，溶于 100 mL 双蒸水中。

（2）GKN 溶液　NaCl 8 g，KCl 0.4 g，$Na_2HPO_4 \cdot 2H_2O$ 1.77 g，$NaH_2PO_4 \cdot H_2O$ 0.69 g，葡萄糖 2 g，酚红 0.01 g，溶于 1 000 mL 双蒸水中。

（3）50%PEG 溶液　称取一定量的 PEG（$M_r = 4\,000$）放入烧杯中，沸水浴加热，使之熔化，待冷却至 50℃时，加入等体积预热至 50℃的 GKN 溶液，混匀，置 37℃备用。

四、实验步骤

1. 在公鸡翼下静脉抽取 2 mL 鸡血，加入盛有 8 mL 的 Alsever 溶液中，使血液与 Alsever 溶液的比例达 1：4，混匀后可在冰箱中存放一周。

2. 取此贮存鸡血 1 mL 加入 4 mL 0.85% 生理盐水，充分混匀，800 r/min 离心 3 min，弃去上清，重复上述条件离心两次。最后弃去上清，加 GKN 液 4 mL，离心。

3. 弃去上清，加 GKN 液，制成 10% 细胞悬液。

4. 取上述细胞悬液以血细胞计数器计数，用 GKN 液将其调整为 1×10^6 个 /mL。

5. 取以上细胞悬液 1 mL 于离心管，放入 37℃水浴中预热。同时将 50%PEG 溶液预热 20 min。

6. 20 min 后，将 0.5 mL 50%PEG 溶液逐滴沿离心管壁加入到 1 mL 细胞悬液中，边加边摇匀，然后放入 37℃ 水浴中保温 20 min。

7. 20 min 后，加入 GKN 溶液至 8 mL，静置于水浴中 20 min 左右。

8. 800 r/min 离心 3 min，弃去上清液，加 GKN 溶液再离心 1 次。

9. 弃去上清液，加入 GKN 溶液少许，混匀，取少量悬浮于载玻片上，加入 Janus green 染液，用牙签混匀，3 min 盖上盖玻片，观察细胞融合情况。

10. 计算融合率

融合率 =（视野内发生融合的细胞核总数 / 视野内所有细胞核总数）× 100%

五、思考题

进行异种细胞的融合有什么意义？

附录

一、植物组织培养中褐化问题

褐化现象是指外植体在接种、诱导脱分化或再分化过程中，自身组织从表面向培养基释放褐色物质，以至培养基逐渐变成褐色，外植体也随之进一步变褐而死亡的现象（附图1）。许多植物的组织培养中发现有褐化现象，主要发生在外植体、愈伤组织的继代、悬浮细胞培养，原生质体培养等。

附图1　褐化的愈伤组织

ℯ 彩图 0-1
褐化的愈伤组织

1. 褐化的机制

培养材料代谢产生的一些酚类物质，在接触空气中的氧气后在多酚氧化酶（PPO）的作用下氧化为相应的醌类物质，变成茶色、褐色或黑色。

2. 影响褐化的因素

（1）物种和基因型的差异　不同的物种以及不同的基因型，其褐化程度存在差异，在组织培养中，品种褐化程度与该品种中多酚类物质含量的多少及 PPO 活性有关。

（2）外植体部位及生理状态　外植体的不同部位及生理状态其褐化程度不同，幼嫩的材料褐化程度较轻。

（3）培养基成分　培养基成分中的无机盐、蔗糖浓度、激素水平、pH 等对褐化程度有一定的影响。

（4）培养条件　温度过高或光照过强，均可加速培养材料的褐化，因为光照会提高

PPO 的活性，促进多酚类物质的氧化。

3. 抑制褐化的方法

（1）选择适当的外植体　取材时应注意外植体的基因型及部位，尽量选择不易褐化的品种和幼嫩部位作外植体。

（2）选择适宜的培养基与培养条件　适当降低培养基中无机盐浓度。初培养时先进行一定时间的暗培养或弱光培养，适当降低培养温度。

（3）添加褐化抑制剂与吸附剂　褐化抑制剂主要包括抗氧化剂和 PPO 抑制剂。在培养基中加入偏二亚硫酸钠、L- 半胱氨酸、抗坏血酸、柠檬酸、二硫苏糖醇等抗氧化剂，可在一定程度上抑制褐化的发生。

常用的吸附剂有活性炭和聚乙烯吡咯烷酮（PVP）。活性炭是一种吸附性较强的无机吸附剂，能吸附培养物在培养过程中分泌的酚、醌类物质，从而减轻褐化。一般在培养基中加入 1~4 g/L 的活性炭。在使用过程中应注意，尽量用最低浓度的活性炭来对抗褐化的产生，因为活性炭的吸附作用是没有选择性的，在吸附有害物质的同时，也会吸附培养基中的其他成分，对外植体的诱导分化会产生一定的负面影响。

（4）进行细胞筛选和多次转移　进行细胞筛选，剔除易褐变的细胞。此外，外植体接种 1~2 d 后立即转移到新鲜培养基中或同一瓶培养基的不同部位，这样也能减轻醌类物质对培养物的毒害作用。

二、玻璃化现象及其预防措施

在植物组织培养过程中，叶片和嫩梢呈透明或半透明水浸状的培养物称为玻璃化苗（附图 2）。

附图 2　马铃薯玻璃化苗

玻璃化苗的特点：①植株叶、嫩梢呈水晶透明或半透明，矮小肿胀、失绿、叶片皱缩成纵向卷曲，脆弱易碎；②叶表面缺少角质层蜡质，没有功能性气孔，仅有海绵组织而无栅栏组织；③体内含水量高，但干物质、叶绿素、蛋白质、纤维素和木质素含量低；④吸收营养与光合功能不全，分化能力大大降低，苗生长缓慢、繁殖系数大为降低，甚至死亡；⑤生根困难，移栽成活率低。

1. 影响玻璃化苗产生的因素

（1）生长调节剂　培养基中添加的细胞分裂素和生长素的种类、浓度及配比均可导致玻璃化苗的产生。

（2）温度　随着培养温度的升高，苗的生长速度明显加快，但高温达到一定限度后，会对苗的正常的生长和代谢产生不良影响，促进玻璃化的产生。变温培养时，温度变化幅度大，忽高忽低的温度变化容易在瓶内壁形成小水滴，增加容器内湿度，提高玻璃化发生率。

（3）湿度　瓶内湿度与通气条件密切相关，使用有透气孔的膜或通气较好的滤纸、牛皮纸封口时，通过气体交换，瓶内湿度降低，玻璃化发生率减少。相反，如果用不透气的瓶盖、封口膜、锡箔纸封口时，不利于气体的交换，在不透气的高湿条件下，苗的生长势快，但玻璃化的发生频率也相对较高。一般来说在单位容积内，培养的材料越多，苗的长势越快，玻璃化出现的频率也越高。

（4）消毒方法　对容易发生玻璃化的植物材料进行表面消毒时，要尽量减少在水中浸泡的时间，表面消毒漂洗后马上接种。

（5）光照时间　光照不足再加上高温，极易引起试管苗的徒长，加速玻璃化发生。

（6）培养基　培养基中的成分对促进培养物的生长和发育有积极的作用，提高培养基中的碳氮比，可以降低玻璃化的比例；增加琼脂用量可降低容器内湿度，随琼脂浓度的增加，玻璃化的比例明显减少；但应注意如果培养基太硬，影响养分的吸收，会使苗的生长速度减慢。

（7）继代次数　随着继代次数的增加，玻璃化程度会不断升高。

2. 抑制玻璃化苗的措施

（1）降低培养基中细胞分裂素和赤霉素浓度，添加低浓度多效唑、矮壮素等生长抑制物质。

（2）控制培养温度，避免温度过高，变温培养时注意温差不宜过大。

（3）使用透气性好的封口材料，改善培养容器的通风换气条件，降低容器内湿度。

（4）适当增加培养基琼脂浓度，降低培养基的水势。

（5）减少培养基中含氮化合物的用量，选用低 NH_4^+ 水平的 B_5 培养基。

（6）增加光照强度，光照强度较弱时，可通过延长时间进行补偿。

（7）控制继代次数。

三、植物组织培养生长调节物质和各种培养基的配制及储存（附表 1~附表 12）

名称	溶剂	保存条件
2,4-二氯苯氧乙酸（2,4-D）	0.1 mol/L NaOH	0~4℃
萘乙酸（NAA）	0.1 mol/L NaOH	0~4℃
吲哚乙酸（IAA）	0.1 mol/L NaOH	0~4℃，遮光，过滤灭菌
吲哚丁酸（IBA）	0.1 mol/L NaOH	0~4℃

· **附表 1**　植物组织培养中常见生长调节物质的配制和储存

名称	溶剂	保存条件
6-苄基氨基嘌呤（6-BA，BAP）	0.1 mol/L HCl	0～4℃
激动素（KT）	0.1 mol/L HCl	0～4℃
玉米素（ZT）	0.1 mol/L HCl	0～4℃，过滤灭菌
2-异戊烯腺嘌呤（2-iP）	0.1 mol/L HCl	0～4℃
脱落酸（ABA）	95% 乙醇	0～4℃，遮光，过滤灭菌
赤霉素、赤霉酸（GA）	95% 乙醇	0～4℃，过滤灭菌
矮壮素（CCC）	水	0～4℃
油菜素内酯（BR）	95% 乙醇	0～4℃
表油菜素内酯（epi-BR）	95% 乙醇	0～4℃
茉莉酸（JA）	95% 乙醇	0～4℃
多胺	水	0～4℃
多效唑（PP_{333}）	甲醇；丙酮	0～4℃
苯基噻二唑基脲（TDZ）	0.1 mol/L NaOH	0～4℃

· 附表2 MS培养基（单位：mg/L；Murashige 和 Skoog, 1962）

成分	含量	成分	含量	成分	含量
NH_4NO_3	1 650	$ZnSO_4 \cdot 7H_2O$	8.6	盐酸硫氨素	0.4
KNO_3	1 900	H_3BO_3	6.2	盐酸吡哆醇	0.5
KH_2PO_4	170	KI	0.83	烟酸	0.5
$CaCl_2 \cdot 2H_2O$	440	$Na_2MoO_4 \cdot 2H_2O$	0.25	蔗糖	30 000
$MgSO_4 \cdot 7H_2O$	370	$CuSO_4 \cdot 5H_2O$	0.025	琼脂	8 000
$FeSO_4 \cdot 7H_2O$	27.8	$CoCl_2 \cdot 6H_2O$	0.025	pH	5.8
Na_2-EDTA	37.3	肌醇	100		
$MnSO_4 \cdot 4H_2O$	22.3	甘氨酸	2		

· 附表3 B_5培养基（单位：mg/L；Gamborg 等，1968）

成分	含量	成分	含量	成分	含量
KNO_3	3 000	$ZnSO_4 \cdot 7H_2O$	2	盐酸硫氨素	10
（NH_4）$_2SO_4$	134	H_3BO_3	3	盐酸吡哆醇	1
$NaH_2PO_4 \cdot H_2O$	150	KI	0.75	烟酸	1
$CaCl_2 \cdot 2H_2O$	150	$Na_2MoO_4 \cdot 2H_2O$	0.25	蔗糖	20 000
$MgSO_4 \cdot 7H_2O$	500	$CuSO_4 \cdot 5H_2O$	0.025	琼脂	10 000
$FeNa_2$-EDTA	28	$CoCl_2 \cdot 6H_2O$	0.025	pH	5.5
$MnSO_4 \cdot 4H_2O$	10	肌醇	100		

成分	含量	成分	含量	成分	含量
KNO_3	2 830	$MnSO_4 \cdot 4H_2O$	4.4	盐酸硫氨素	1
$(NH_4)_2SO_4$	463	$ZnSO_4 \cdot 7H_2O$	1.5	盐酸吡哆醇	0.5
KH_2PO_4	400	H_3BO_3	1.6	烟酸	0.5
$CaCl_2 \cdot 2H_2O$	166	KI	0.8	蔗糖	50 000
$MgSO_4 \cdot 7H_2O$	185	Na_2-EDTA	37.3	琼脂	8 000
$FeSO_4 \cdot 7H_2O$	27.8	甘氨酸	2	pH	5.8

· **附表 4** N_6 培养基（单位：mg/L；朱至清等，1975）

成分	含量	成分	含量	成分	含量
NH_4NO_3	1 650	$MnSO_4 \cdot 4H_2O$	22.3	肌醇	100
KNO_3	1 900	$ZnSO_4 \cdot 7H_2O$	8.6	盐酸硫氨素	0.4
KH_2PO_4	170	H_3BO_3	6.2	蔗糖	30 000
$CaCl_2 \cdot 2H_2O$	440	KI	0.83	琼脂	8 000
$MgSO_4 \cdot 7H_2O$	370	$Na_2MoO_4 \cdot 2H_2O$	0.25	pH	5.8
$FeSO_4 \cdot 7H_2O$	27.8	$CuSO_4 \cdot 5H_2O$	0.025		
Na_2-EDTA	37.3	$CoCl_2 \cdot 6H_2O$	0.025		

· **附表 5** LS 培养基（单位：mg/L；Linsmaier 和 Skoog，1965）

成分	含量	成分	含量	成分	含量
NH_4NO_3	720	$MnSO_4 \cdot 4H_2O$	25	盐酸硫氨素	0.5
KNO_3	950	$ZnSO_4 \cdot 7H_2O$	10	盐酸吡哆醇	0.5
KH_2PO_4	68	H_3BO_3	10	叶酸	0.5
$CaCl_2 \cdot 2H_2O$	166	$Na_2MoO_4 \cdot 2H_2O$	0.25	生物素	0.05
$MgSO_4 \cdot 7H_2O$	185	$CuSO_4 \cdot 5H_2O$	0.025	蔗糖	30 000
$FeSO_4 \cdot 7H_2O$	27.8	肌醇	100	琼脂	8 000
Na_2-EDTA	37.3	甘氨酸	2	pH	5.5

· **附表 6** H 培养基（单位：mg/L；Bourgin 和 Nitsch，1967）

成分	含量	成分	含量	成分	含量
$(NH_4)_2SO_4$	67	$MnSO_4 \cdot 4H_2O$	5	盐酸硫氨素	10
KNO_3	1 250	$ZnSO_4 \cdot 7H_2O$	1	盐酸吡哆醇	1
$CaCl_2 \cdot 2H_2O$	150	H_3BO_3	1.5	烟酸	1
$MgSO_4 \cdot 7H_2O$	125	KI	0.375	蔗糖	15 000
$FeSO_4 \cdot 7H_2O$	13.9	$CuSO_4 \cdot 5H_2O$	0.012 5	琼脂	4 000 ~ 7 000
Na_2-EDTA	18.65	$CoCl_2 \cdot 6H_2O$	0.012 5	pH	5.9
$NaH_2PO_4 \cdot H_2O$	175	肌醇	25		

· **附表 7** GS 培养基（单位：mg/L；曹孜义等，1986）

· **附表 8** SH 培养基（单位：mg/L；Schenk 和 Hildebrandt，1972）

成分	含量	成分	含量	成分	含量
KNO_3	2 500	$ZnSO_4 \cdot 7H_2O$	1	烟酸	5
$CaCl_2 \cdot 2H_2O$	200	H_3BO_3	5	肌醇	1 000
$MgSO_4 \cdot 7H_2O$	400	KI	1	盐酸吡哆醇	5
$FeSO_4 \cdot 7H_2O$	20	$Na_2MoO_4 \cdot 2H_2O$	0.1	蔗糖	30 000
Na_2-EDTA	15	$CuSO_4 \cdot 5H_2O$	0.2	pH	5.8
$MnSO_4 \cdot H_2O$	10	$CoCl_2 \cdot 6H_2O$	0.1		
$NH_4H_2PO_4$	300	盐酸硫氨素	5		

· **附表 9** WS 培养基（单位：mg/L；Wolter 和 Skoog，1966）

成分	含量	成分	含量	成分	含量
NH_4NO_3	50	$Na_2HPO_4 \cdot 2H_2O$	35	草酸铁	28
KNO_3	170	NH_4Cl	35	盐酸硫氨素	0.1
$Ca(NO_3)_2 \cdot 4H_2O$	425	$MnSO_4 \cdot 4H_2O$	7.5	盐酸吡哆醇	0.1
$FeSO_4 \cdot 7H_2O$	27.8	$MnSO_4 \cdot 7H_2O$	9	烟酸	0.5
Na_2-EDTA	37.3	$ZnSO_4 \cdot 7H_2O$	3.2	蔗糖	20 000
KCl	140	KI	1.6	琼脂	10 000
Na_2SO_4	425	肌醇	100		

· **附表 10** White 培养基（单位：mg/L；1963）

成分	含量	成分	含量	成分	含量
KNO_3	80	$MnSO_4 \cdot 4H_2O$	5	盐酸硫氨素	0.1
$Ca(NO_3)_2 \cdot 4H_2O$	200	$ZnSO_4 \cdot 7H_2O$	3	盐酸吡哆醇	0.1
$MgSO_4 \cdot 7H_2O$	720	H_3BO_3	1.5	烟酸	0.3
$NaH_2PO_4 \cdot H_2O$	17	KI	0.75	蔗糖	20 000
Na_2SO_4	200	MoO_3	0.001	琼脂	10 000
$Fe_2(SO_4)_3$	2.5	甘氨酸	3	pH	5.6

· **附表 11** Miller 培养基（单位：mg/L；1965）

成分	含量	成分	含量	成分	含量
NH_4NO_3	1 000	$ZnSO_4 \cdot 7H_2O$	1.5	盐酸硫氨素	0.1
KNO_3	1 000	H_3BO_3	1.6	盐酸吡哆醇	0.1
KH_2PO_4	300	KI	0.8	烟酸	0.5
$Ca(NO_3)_2 \cdot 4H_2O$	347	$NiCl_2 \cdot 6H_2O$	0.35	蔗糖	30 000
$MgSO_4 \cdot 7H_2O$	35	KCl	65	琼脂	10 000
$FeNa_2-EDTA$	32	$MnSO_4 \cdot 4H_2O$	4.4	pH	6

成分	含量	成分	含量	成分	含量
NH_4NO_3	1 650	$MnSO_4 \cdot 4H_2O$	22.3	肌醇	100
KNO_3	1 900	$ZnCl_2$	3.93	盐酸硫氨素	0.4
KH_2PO_4	170	H_3BO_3	6.2	IAA	0.1
$CaCl_2 \cdot 2H_2O$	440	KI	0.83	蔗糖	30 000
$MgSO_4 \cdot 7H_2O$	370	$Na_2MoO_4 \cdot 2H_2O$	0.25	琼脂	13 000
$FeSO_4 \cdot 7H_2O$	27.8	$CuSO_4 \cdot 5H_2O$	0.025	pH	5.5
$Na_2\text{-}EDTA$	74.5	$CoCl_2 \cdot 6H_2O$	0.025		

· **附表 12** 改良 MS 培养基（单位：mg/L）

主要参考文献

［1］安利国.细胞工程.北京：科学出版社，2005.

［2］陈丽，董举文，唐寅.EMS诱变处理定向筛选杨树耐盐突变体研究.上海农业学报，2007，23（3）：86-90.

［3］陈志红，郑麟英.甲醛氧化浓氨熏蒸法灭菌的实验研究.护理学杂志，2003，3.

［4］程宝鸾.动物细胞培养技术.广州：华南理工大学出版社，2006.

［5］傅作申.玉米耐NaCl幼胚愈伤组织的筛选及特性分析.长春：长春农牧大学硕士论文，1996.

［6］巩振辉，申书兴.植物组织培养.北京：化学工业出版社，2007.

［7］郝文胜，赵永秀，张铁峰，等.我国马铃薯微型薯诱导研究进展.内蒙古农业科技，2002（6）：4-7.

［8］黄玲，赵凯，孔贺，等.花生原生质体分离与培养，中国农学通报，2009，25（14）：47-50.

［9］蒋从莲，郭华春.不同外源激素和培养温度对马铃薯试管薯形成的影响.云南农业大学学报，2007，22（6）：824-828.

［10］李爱贤，刘庆昌，王玉萍，等.甘薯耐旱、耐盐突变体的离体筛选.农业生物技术学报，2002，10（1）：15-19.

［11］李胜，李唯.植物组织培养原理与技术.北京：化学工业出版社，2007.

［12］刘风珍，万勇善，王洪刚.培养基附加不同浓度NaCl对花生离体培养的影响.花生学报，2003，32（4）：23-26.

［13］刘庆昌，吴国良.植物细胞组织培养.北京：中国农业大学出版社，2003.

［14］潘瑞炽.植物细胞工程.广州：广东高等教育出版社，2008.

［15］彭晓莉，王蒂，张金文，等.激素诱导下不同培养方式对马铃薯微型薯的诱导效应.甘肃农业大学学报，2006，（1）：16-19.

［16］孙世孟，王晶珊，王维华，等.丽格海棠离体培养及快速繁殖.莱阳农学院学报，2003，20（3）：197-198.

［17］孙世孟，王维华，盖树鹏，等.驱蚊草离体培养及快速繁殖.莱阳农学院学报，2004，21（4）：310-311.

［18］王捷.实用生物技术丛书——动物细胞培养技术与应用.北京：化学工业出版社，2004.

［19］王东霞，等.如何对抗植物组织中的组织褐变.中国花卉盆景，2002，12：29-30.

［20］王晶珊，刘庆昌，孟祥霞，等.甘薯和近缘野生种*Ipomoea triloba*的种间体细胞杂种植株再生.农业生物技术学报，2003，11（1）：40-43.

[21] 王维华，毕英娜，吴威娜，等．大花惠兰鳞茎培养及高频率幼苗繁育．莱阳农学院学报，2003，20（1）：46-47.

[22] 吴殿星，胡繁荣．植物组织培养．上海：上海交通大学出版社，2004.

[23] 谢从华，柳俊．植物细胞工程．北京：高等教育出版社，2004.

[24] 邢道臣，王晶珊，郭宝太，等．花生与其近缘野生种间细胞融合及培养．花生学报，2002，31（4）：1-3.

[25] 张建华，陈火英，庄天明．番茄耐盐体细胞变异的离体筛选．西北植物学报，2002，22（2）：257-262.

[26] R I 弗雷谢尼．动物细胞培养——基本技术指南．5 版．章静波，徐存拴，等，译．北京：科学出版社，2008.

[27] CHOI Y E, JEONG J H. Dormancy induction of somatic embryos of *Siberian ginseng* by high sucrose concentrations enhances the conservation of hydrated artificial seeds and dehydration resistance, seeds and dehydration resistance. Plant Cell Reports, 2002, 20: 1 112-1 116.

[28] WANG J S, SAKAI T S, TAURA M, et al. Production of somatic hybrid between cultivars of sweet potato, *Ipomoea batatas*（L.）Lam. in the same cross-incompatible group. Breeding Science, 1997, 47（2）：135-139.

[29] WANG J S, SATO M, TAURA S, et al. Efficient plant regeneration from petiole protoplasts of sweet potato cv. "Genki". Plant Biotechnology, 1998, 15（1），41-43.

[30] WANG J S, SATO M, TAURA S, et al. Efficient embryogenic callus formation and plant regeneration in shoot tip cultures of sweet potato. Mem. Fac. Agr. Kagoshima Univ., 1998, 34: 61-64.

[31] ZHAO M A, XHU Y Z, DHITAL S P, et al. An efficient cryopreservation procedure for potato（*Solanum tuberosum* L.）utilizing the new ice blocking agent, Supercool X1000. Plant Cell Reports, 2005, 24: 477-481.

[32] ZHAO M A, DHITAL S P, KHU D M, et al. Application of slow-freezing cryopreservation method for the conservation of diverse potato（*Solanum tuberosum* L.）genotype. J. Plant Biotechnology, 2005, 7（3）：1-4.

郑重声明

高等教育出版社依法对本书享有专有出版权。任何未经许可的复制、销售行为均违反《中华人民共和国著作权法》，其行为人将承担相应的民事责任和行政责任；构成犯罪的，将被依法追究刑事责任。为了维护市场秩序，保护读者的合法权益，避免读者误用盗版书造成不良后果，我社将配合行政执法部门和司法机关对违法犯罪的单位和个人进行严厉打击。社会各界人士如发现上述侵权行为，希望及时举报，本社将奖励举报有功人员。

反盗版举报电话 　(010)58581999　58582371　58582488
反盗版举报传真 　(010)82086060
反盗版举报邮箱 　dd@hep.com.cn
通信地址 　北京市西城区德外大街4号　高等教育出版社法律事务与版权管理部
邮政编码 　100120

防伪查询说明

用户购书后刮开封底防伪涂层，利用手机微信等软件扫描二维码，会跳转至防伪查询网页，获得所购图书详细信息。也可将防伪二维码下的20位密码按从左到右、从上到下的顺序发送短信至106695881280，免费查询所购图书真伪。

反盗版短信举报

编辑短信"JB，图书名称，出版社，购买地点"发送至10669588128

防伪客服电话

(010)58582300